机械识图

任务书

主　编◎刘治宏　杨国丽　李　巍
副主编◎潘　磊　蔡晓红　郭化平　吝君瑜
　　　　孔凡宝　江北大　杨　权　田　铖
　　　　祝天宇　宋锐锋　王　宁　张霄鹏
　　　　雷　琪

华中科技大学出版社
http://press.hust.edu.cn
中国·武汉

内 容 简 介

本书是《机械识图任务驱动教程》配套任务书,以"正确识读机械图样与技术要求"为目标,以"识图"为主线,针对职业技术教育学员在识图知识与技能方面岗位任职的需要编写而成。

本书内容包括:典型平面图形的识读与绘制,简单立体三视图的识读与绘制,基本体、截断体、相贯体三视图的识读与绘制,组合体三视图的识读与绘制,典型零件图样的识读与绘制,常用件及标准件图样的识读,机械零件图的识读,机械装配图的识读。

图书在版编目(CIP)数据

机械识图任务书/刘治宏,杨国丽,李巍主编.—武汉:华中科技大学出版社,2024.7
ISBN 978-7-5680-9866-3

Ⅰ.①机… Ⅱ.①刘… ②杨… ③李… Ⅲ.①机械图-识图 Ⅳ.①TH126.1

中国国家版本馆 CIP 数据核字(2023)第 140961 号

机械识图任务书
Jixie Shitu Renwushu

刘治宏　杨国丽　李　巍　主编

策划编辑:张　毅
责任编辑:刘　静
封面设计:孢　子
责任监印:朱　玢
出版发行:华中科技大学出版社(中国·武汉)　　电话:(027)81321913
　　　　　武汉市东湖新技术开发区华工科技园　　邮编:430223
录　　排:武汉正风天下文化发展有限公司
印　　刷:武汉市洪林印务有限公司
开　　本:889mm×1194mm　1/16
印　　张:9.75
字　　数:306 千字
版　　次:2024 年 7 月第 1 版第 1 次印刷
定　　价:39.80 元

本书是"机械识图"课程的辅助教材,是学员课前预习和课堂实践环节的指导书,适用于职业技术学院各专业。

本书基于工作过程设计,以典型任务为牵引,编制了具体的预习资讯单、实施任务单和考核评价单,配合基本教材,不仅有助于保证理论必需、够用,而且具有实用、好用的特点,突出培养学员的读图和绘图能力,使学员课前预习有抓手、课上学习有重点。

本书由刘治宏、杨国丽、李巍担任主编,潘磊、蔡晓红、郭化平、吝君瑜、孔凡宝、江北大、杨权、田铖、祝天宇、宋锐锋、王宁、张霄鹏、雷琪担任副主编。

由于编者水平有限,且时间仓促,书中难免会有不足和错误,恳请读者批评指正。

编　者

典型平面图形的识读与绘制

◀ 任务 1.1　认识并抄画垫圈平面图 ▶

资讯单

教学目标	1. 解释图样的基本知识（图纸幅面及格式、比例、字体和图线种类及画法）； 2. 说出图样上尺寸标注的基本规定和构成尺寸标注的四要素； 3. 学会常见尺寸的标注方法； 4. 培养守规矩、讲原则的规矩意识和标准化意识，以及耐心细致、精益求精的工作态度。
教学重点	1. 图样的基本知识； 2. 尺寸标注的基本知识。
预习方式	学员根据教员给出的预习引导进行预习并完成课前测验。
课前测验	**填空题：** 1. 当绘制的图形比实物大时，我们称为_____比例。一般地图采用_____比例绘制。 2. 可见轮廓线用_____线绘制，不可见轮廓线用_____线绘制，轴线、对称线用_____线绘制。 3. 标注直径尺寸时，应在尺寸数字前面加注符号_____。 4. 标注半径尺寸时，应在尺寸数字前面加注符号_____。 **判断题（并将错误订正）：** 5. 画底稿和加深粗线用同一支铅笔即可。（　　　） 6. 尺寸数字表示零件的真实大小，与绘制零件所选用的比例有关。（　　　） 7. 如果图样中的尺寸未标注单位，则单位默认为厘米。（　　　） 8. 图样是传递和交流技术信息和思想的媒介和工具，是工程界的技术语言。（　　　） 9. 工程图样不仅是我国工程界的技术语言，也是国际上通用的工程技术语言，不同国籍的工程技术人员都能看懂。（　　　）
预习引导	可参阅教材项目 1 任务 1.1 中相关内容。

任务单

任务要求	1. 图样绘制在 A4 图纸上； 2. 绘制的图样符合国家标准要求，图面绘图布局要均匀，圆弧连接要光滑，尺寸标注要均匀、正确、完整、合理，线条加深要均匀； 3. 能正确使用绘图工具，并做好维护保养； 4. 按时、按要求完成作业并上交。
任务实施	**理论学习** 1. 图纸幅面及格式； 2. 比例； 3. 字体； 4. 图线； 5. 尺寸注法； 6. 抄画平面图形。 **绘图实践** 1. 画基准线、定位线；画已知线段（密封垫片的直线段、圆和连接圆弧）。 2. 检查、加深。 3. 标注尺寸，画尺寸界线、尺寸线、箭头，填写尺寸数字；注写技术要求。 4. 填写标题栏。 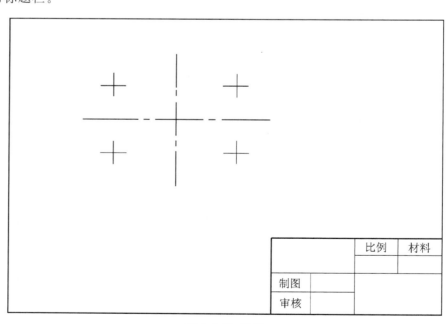 画中心线、轴线

任务实施

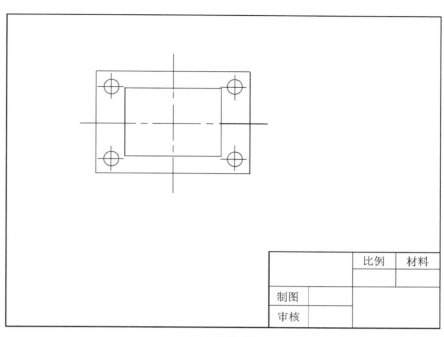

		比例	材料
制图			
审核			

画直线段、圆

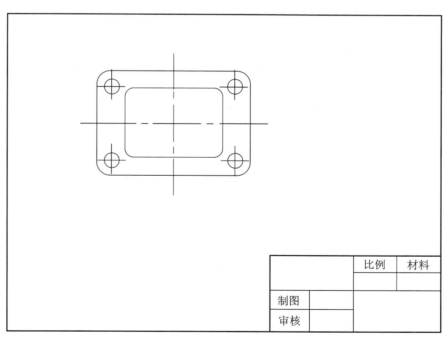

		比例	材料
制图			
审核			

画连接圆弧

任务实施

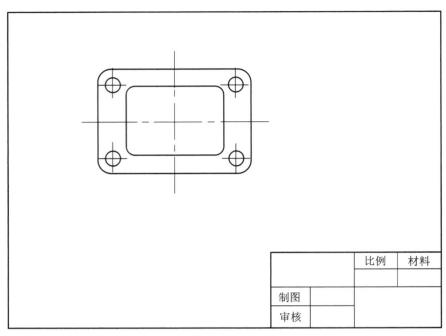

		比例	材料
制图			
审核			

加深

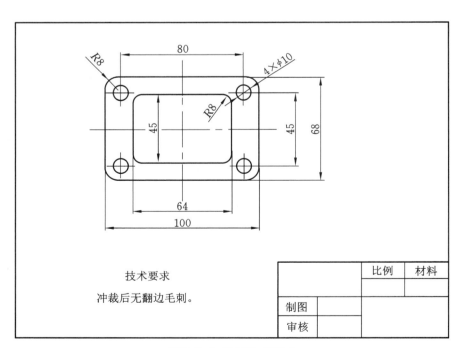

技术要求

冲裁后无翻边毛刺。

		比例	材料
制图			
审核			

标注尺寸;注写技术要求

任务实施	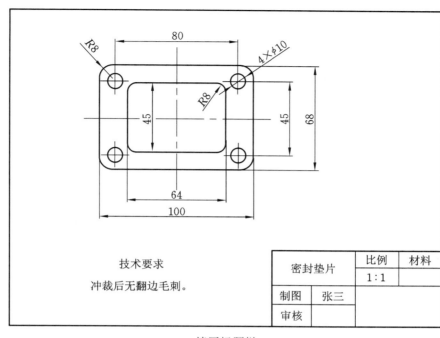 技术要求 冲裁后无翻边毛刺。 填写标题栏
成果体现	将图样绘制在规定图纸上。
问题与收获	

课堂实践图纸

	密封垫片		比例	材料	数量
制图				期班	
审核					

评价单

任务		任务 1.1　认识并抄画垫圈平面图					
姓名				日期			
期班				小组			
评价内容			自评(30%)	互评(30%)	教员评(40%)		总分
平时学习 (100 分)		课上回答问题(50%)					
		学习态度(50%)					
小组学习 (100 分)		预习情况、课前测验(50%)					
		任务实施中组内作用发挥(50%)					

	序号	评分内容	分值	自评(30%)	互评(30%)	教员评(40%)	总分
任务 (100 分)	1	能正确使用绘图工具,尤其是三角板的组合使用	5				
	2	图形布局、比例选用合理	10				
	3	视图的图线横平竖直、粗细区别明显	20				
	4	圆弧连接处光滑相切	20				
	5	尺寸标注正确、清晰、合理	30				
	6	图纸上书写的文字字体工整、笔画清楚、排列整齐	5				
	7	图面干净整洁,无污损	10				
	8	任务总分	100				

◀ 任务 1.2   认识并抄画手柄平面图 ▶

资讯单

教学目标	1. 学会等分法作图； 2. 学会圆弧连接的作图方法； 3. 学会抄画平面图形的方法,解决抄画平面图形过程中遇到的问题； 4. 培养能正确面对困难、压力与挫折的心理素质,以及耐心细致、精益求精的工作态度。
教学重点	圆弧连接的作图方法。
教学难点	任意平面图形的抄画。
预习方式	学员根据教员给出的预习引导进行预习并完成课前测验。
课前测验	**填空题:** 1. 分析平面图形的线段时,通常将线段分为三类:_____、_____、_____。 2. 定形尺寸齐全、定位尺寸不全的线段称为_____。 3. 只有定形尺寸、没有定位尺寸的线段称为_____。 **判断题(并将错误订正):** 4. 圆弧连接的本质是圆弧与已知线段相切,或圆弧与已知圆弧相切。( ) 5. 对于中间线段和连接线段,作图时先画哪种线段都行。( )
预习引导	可参阅教材项目 1 任务 1.2 中相关内容。

任务单

任务要求	1. 图样绘制在 A4 图纸上； 2. 绘制的图样符合国家标准要求,图面绘图布局要均匀,圆弧连接要光滑,尺寸标注要均匀、正确、完整、合理,线条加深要均匀； 3. 能正确使用绘图工具,并做好维护保养； 4. 按时、按要求完成作业并上交。
任务实施	**理论学习** 1. 线段的等分法； 2. 圆周的等分及作正多边形； 3. 圆弧连接； 4. 平面图形的分析及画法； 5. 抄画平面图形。 **绘图实践** 1. 填写标题栏,画基准线、定位线；画已知线段($\phi 10$、$\phi 16$ 圆柱线框和 $R8$ 圆弧)。 2. 画中间线段($R48$ 圆弧)；画连接线段($R40$ 圆弧)。 3. 检查、描深。 4. 尺寸标注,画尺寸界线、尺寸线、箭头,填写尺寸数字。 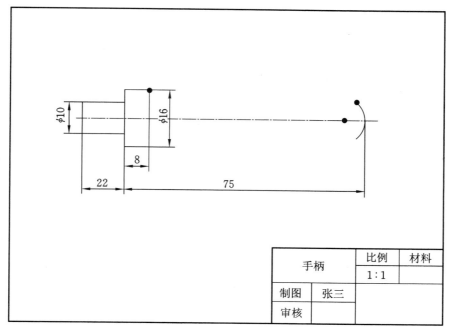 作基准线,画已知线段

任务实施

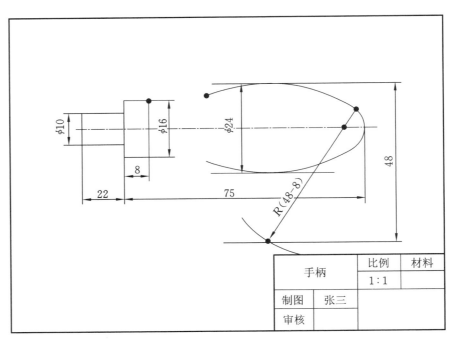

画中间线段

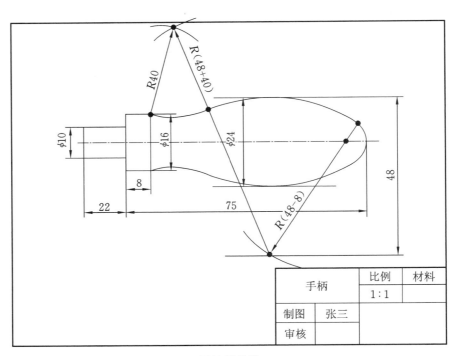

画连接线段

任务实施	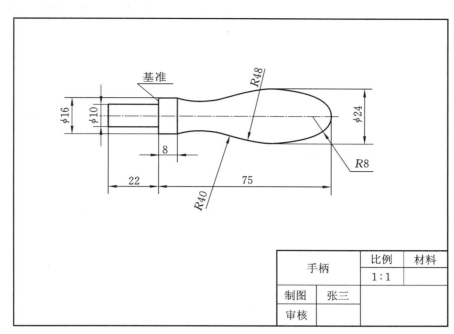 检查、描深；尺寸标注
成果体现	将图样绘制在规定图纸上。
问题与收获	

课堂实践图纸

	手柄	比例	材料	数量
制图			期班	
审核				

评价单

任务	任务 1.2　认识并抄画手柄平面图				
姓名			日期		
期班			小组		
评价内容			自评（30%）	互评（30%）	教员评（40%）	总分

平时学习 （100 分）	课上回答问题（50%）				
	学习态度（50%）				
小组学习 （100 分）	预习情况、课前测验（50%）				
	任务实施中组内作用发挥（50%）				

	序号	评分内容	分值	自评（30%）	互评（30%）	教员评（40%）	总分
任务 （100 分）	1	能正确使用绘图工具，尤其是三角板的组合使用	5				
	2	图形布局、比例选用合理	10				
	3	视图的图线横平竖直、粗细区别明显	20				
	4	圆弧连接处光滑相切	20				
	5	尺寸标注正确、清晰、合理	30				
	6	图纸上书写的文字字体工整、笔画清楚、排列整齐	5				
	7	图面干净整洁，无污损	10				
	8	任务总分	100				

简单立体三视图的识读与绘制

◀ 任务 2.1　识读简单立体三视图 ▶

资讯单

教学目标	1. 会阐述正投影法的基本原理； 2. 能说出三视图的形成及对应关系； 3. 会绘制简单立体的三视图。
教学重点	三视图的投影规律。
教学难点	绘制简单立体的三视图。
预习方式	学员根据教员给出的预习引导进行预习并完成课前测验。
课前测验	**填空题：** 1. 工程上常用的投影法有_____投影法和_____投影法。 2. 当平行的投影线垂直于投影面时,所得的投影称为_____投影。正投影由于能如实地表达物体的_____和_____,作图又比较方便,因此适用于机械制图。 3. 三个互相垂直的投影面的名称分别是：_____投影面(简称_____面)；_____投影面(简称_____面)；_____投影面(简称_____面)。 4. 三视图的投影规律(或投影对应关系)是:主视图、俯视图_____；_____；_____。
预习引导	可参阅教材项目 2 任务 2.1 中相关内容。

任务单

任务目标	1. 根据投影规律绘制简单立体的三视图; 2. 结合立体结构特点确定表达方案,并合理布置视图; 3. 掌握正确的绘图方法和绘图步骤。
任务要求	1. 图样绘制在 A4 图纸上; 2. 绘制的图样符合国家标准要求,图面整洁、清晰、合理; 3. 能正确使用绘图工具,并做好维护保养; 4. 按时、按要求完成作业并上交。
任务实施	**理论学习** 1. 投影法的基本知识; 2. 正投影法的投影特性; 3. 三视图的形成及对应关系。 **绘图实践** 1. 确定物体的摆放位置(确定表达方案)。 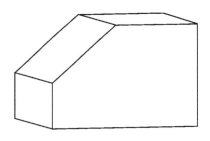 2. 根据模型长、宽、高三维尺寸和图纸幅面大小选择绘图比例,常用原值比例(1∶1)。 3. 结合表达方案将三个视图匀称地布置在整个图纸幅面上。 4. 绘制底稿。 (1)通常从特征视图入手,本例以主视图为主,同时根据三视图的对应关系,把左视图、俯视图上反映与主视图同一要素的轮廓线一起画出。 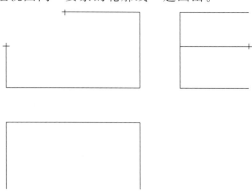

任务实施	（2）在各视图中画出具有积聚性投影的表面。对于斜面,宜先画出投影为斜线的视图。 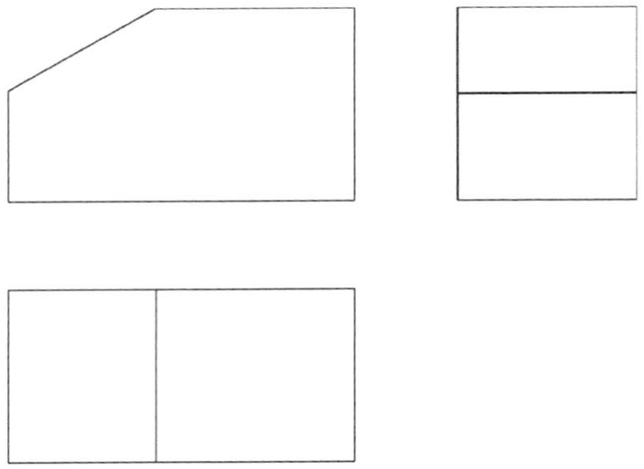 5.检查加深。 　　全部底稿画完后,按照原来的绘图顺序仔细检查纠正,确认无误后,按国家标准规定的线型加深底稿。 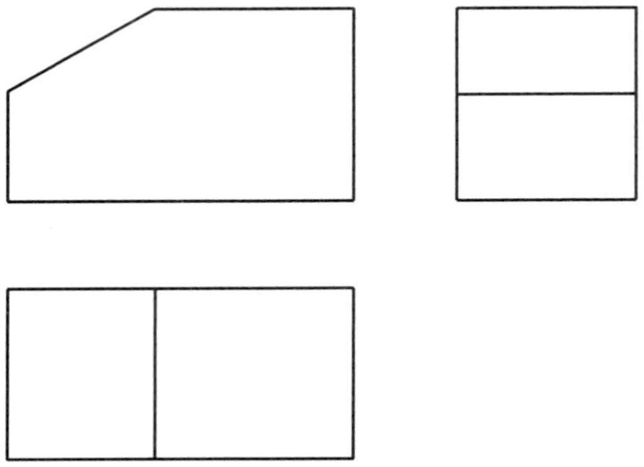
成果体现	将图样绘制在规定图纸上。
问题与收获	

课堂实践图纸

		比例	材料	数量
楔块				
制图		期班		
审核				

课后检测

理论知识 检测	1. 投影线互相平行的投影法称为_____投影法。根据投影线与投影面夹角的不同,平行投影可分为_____投影和_____投影两种。 2. 直线对一个投影面的投影规律是:直线平行于投影面时,它的投影_____;直线倾斜于投影面时,它的投影_____;直线垂直于投影面时,它的投影_____。 3. 平面对一个投影面的投影规律是:平面平行于投影面,它的投影_____;平面倾斜于投影面,它的投影_____;平面垂直于投影面,它的投影_____。 4. 三视图的名称和投影方向是:从前面观察物体在 V 面上得到的投影(即由前向后投影所得的视图)称为_____;从上面观察物体在 H 面上得到的投影(即由上向下投影所得的视图)称为_____;从左面观察物体在 W 面上得到的投影(即由左向右投影所得的视图)称为_____。 5. 三视图与物体的方位对应关系是:主视图和左视图的上边与物体的_____面相对应,主视图和左视图的下边与物体的_____面相对应;主视图和俯视图的左边与物体的_____面相对应,主视图和俯视图的右边与物体的_____面相对应;俯视图的下边和左视图的右边与物体的_____面相对应,俯视图的上边和左视图的左边与物体的_____面相对应。
绘图技能 检测	6. 画出下面开槽楔块的三视图。

课后检测图纸

				比例	材料	数量
制图						
审核			期班			

评价单

任务				任务 2.1　识读简单立体三视图		
姓名			日期			
期班			小组			

评价内容		自评(30%)	互评(30%)	教员评(40%)	总分
平时学习 (100分)	课上回答问题(50%)				
	学习态度(50%)				
小组学习 (100分)	预习情况、课前测验(50%)				
	任务实施中组内作用发挥(50%)				

	序号	评分内容	分值	自评(30%)	互评(30%)	教员评(40%)	总分
任务 (100分)	1	能正确使用绘图工具，尤其是三角板的组合使用	5				
	2	表达方案合理	10				
	3	据确定的表达方案，能快速准确绘制模型的视图	20				
	4	视图的选择与配置恰当、投影正确	30				
	5	视图的图线横平竖直、粗细区别明显	10				
	6	图纸上书写的文字字体工整、笔画清楚、排列整齐	15				
	7	图面干净整洁，无污损	10				
	8	任务总分	100				

◀ 任务 2.2 绘制简单立体三视图 ▶

任务单

任务目标	1. 根据投影规律绘制简单立体的三视图; 2. 结合立体结构特点确定表达方案,并合理布置视图; 3. 掌握正确的绘图方法和绘图步骤。
任务要求	1. 图样绘制在 A4 图纸上; 2. 绘制的图样符合国家标准要求,图面整洁、清晰、合理; 3. 能正确使用绘图工具,并做好维护保养; 4. 按时、按要求完成作业并上交。
任务实施	**绘图实践** 1. 确定物体的摆放位置(确定表达方案)。 2. 根据模型长、宽、高三维尺寸和图纸幅面大小选择绘图比例,常用原值比例(1∶1)。 3. 结合表达方案将三个视图匀称地布置在整个图纸幅面上。 4. 绘制底稿。 　(1)通常从特征视图入手,本例以主视图为主,同时根据三视图的对应关系,把左视图、俯视图上反映与主视图同一要素的轮廓线一起画出。 　(2)在各视图中画出具有积聚性投影的表面。对于斜面,宜先画出投影为斜线的视图。 5. 检查加深。 　全部底稿画完后,按照原来的绘图顺序仔细检查纠正,确认无误后,按国家标准规定的线型加深底稿。 模型 1: 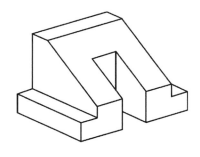

任务实施	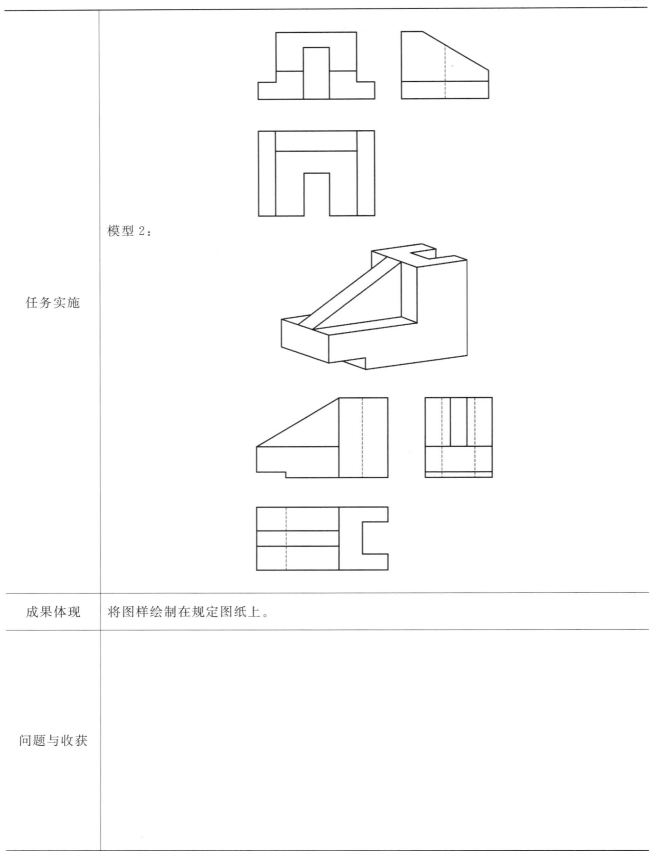 模型 2：
成果体现	将图样绘制在规定图纸上。
问题与收获	

课堂实践图纸

		比例	材料	数量
制图				
审核			期班	

评价单

任务		任务 2.2 绘制简单立体三视图				
姓名			日期			
期班			小组			
评价内容			自评(30%)	互评(30%)	教员评(40%)	总分
平时学习(100分)		课上回答问题(50%)				
		学习态度(50%)				
小组学习(100分)		预习情况、课前测验(50%)				
		任务实施中组内作用发挥(50%)				

	序号	评分内容	分值	自评(30%)	互评(30%)	教员评(40%)	总分
任务(100分)	1	能正确使用绘图工具,尤其是三角板的组合使用	5				
	2	表达方案合理	10				
	3	据确定的表达方案,能快速准确绘制模型的视图	20				
	4	视图的选择与配置恰当、投影正确	30				
	5	视图的图线横平竖直、粗细区别明显	10				
	6	图纸上书写的文字字体工整、笔画清楚、排列整齐	15				
	7	图面干净整洁,无污损	10				
	8	任务总分	100				

基本体、截断体、相贯体三视图的识读与绘制

◀ 任务 3.1 识读与绘制基本体三视图 ▶

	资讯单
教学目标	1. 熟知绘制基本体三视图的步骤及其视图特征； 2. 能解决绘制与识读简单立体三视图过程中遇到的问题； 3. 培养空间思维能力。
教学重点	棱柱、棱锥、圆柱三视图的画法。
教学难点	带有平面切口或穿孔的平面立体三视图的画法。
预习方式	学员根据教员给出的预习引导进行预习并完成课前测验。
课前测验	**选择题：** 1. 圆柱面的形成条件是：( )。 　(A)圆母线绕过其圆心的轴旋转　　　　(B)直母线绕与其平行的轴旋转 　(C)圆母线绕轴线旋转　　　　　　　　(D)直母线绕与其相交的轴旋转 2. 圆柱体的轴线和圆的中心线在三视图中( )。 　(A)可不表示　　　　　　　　　　　　(B)必须用细点画线画出 　(C)当体小于一半时才不画出　　　　　(D)当体小于或等于一半时均不画出 3. 曲面立体与平面立体的区别是( )。 　(A)组成体的所有的面都是曲面，才是曲面立体 　(B)组成体的所有的面都是平面，才是平面立体 　(C)组成体的面有曲面，就是曲面立体 　(D)组成体的面有平面，就是平面立体 **填空题：** 4. 圆柱的三视图是_____， 　圆锥的三视图是_____， 　棱柱的三视图是_____， 　棱锥的三视图是_____， 　球的三视图是_____。
预习引导	可参阅教材项目3任务3.1中相关内容。

任务单

任务目标	1. 根据投影规律绘制螺栓毛坯和球头销的三视图； 2. 掌握基本体三视图的绘制方法。
任务要求	1. 图样绘制在 A4 图纸上； 2. 绘制的图样符合国家标准要求,图面整洁、清晰、合理； 3. 能正确使用绘图工具,并做好维护保养； 4. 按时、按要求完成作业并上交。
任务实施	**理论学习** 1. 六棱柱、圆柱体的三视图； 2. 圆锥、球的三视图。 **绘图实践** **子任务 1　绘制螺栓毛坯的三视图** 1. 确定物体的摆放位置(确定表达方案)。 2. 根据模型长、宽、高三维尺寸和图纸幅面大小选定绘图比例。 3. 结合模型长、宽、高三维尺寸,将三个视图匀称地布置在整个图纸幅面上。画出三视图的定位线(棱柱的对称线)。 4. 绘制底稿。 　(1)根据形体的形成特点,从下往上绘制,先画螺栓头(正六棱柱)的投影。从特征视图(俯视图)开始画,然后画出主视图和左视图。

续表

任务实施	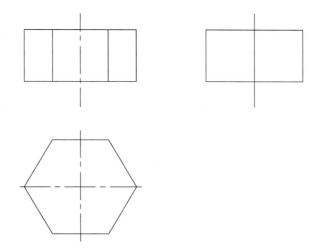

（2）画出螺栓杆（圆柱）的三视图。从特征视图（俯视图中的圆）开始画，然后画出主视图和左视图。

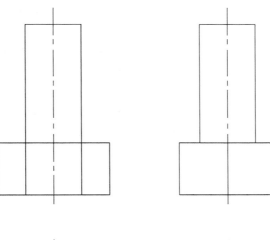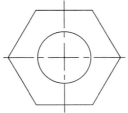

5. 检查加深。
全部底稿画完后，按照原来的绘图顺序仔细检查纠正，确认无误后，按国家标准中规定的线型加深底稿。 |

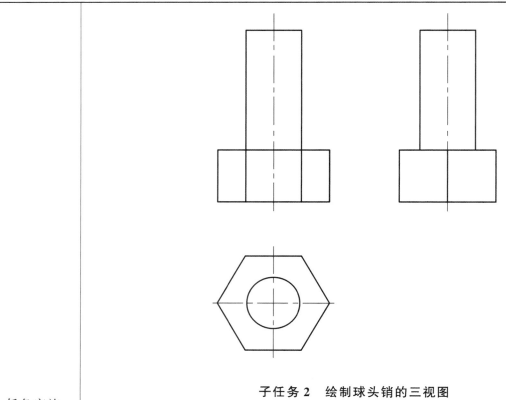

子任务 2 绘制球头销的三视图

任务实施

1. 确定物体的摆放位置(确定表达方案)。

2. 根据模型长、宽、高三维尺寸和图纸幅面大小选定绘图比例。

3. 结合模型长、宽、高三维尺寸,将三个视图匀称地布置在整个图纸幅面上。画出三视图的定位线(圆锥的轴线和对称线)。

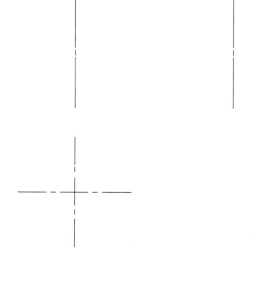

续表

任务实施

4. 绘制底稿。

 (1)根据形体的形成特点,从下往上绘制,先画球头销杆(圆锥台)的投影。从特征视图(俯视图)开始画,然后画出主视图和左视图。

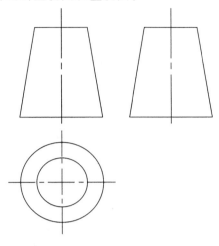

 (2)画出球头销头(球)的三视图。从特征视图(俯视图中的圆)开始画,然后画出主视图和左视图。

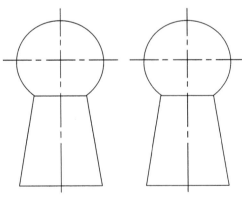

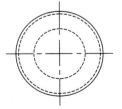

任务实施	5. 检查加深。 　　全部底稿画完后,按照原来的绘图顺序仔细检查纠正,确认无误后,按国家标准中规定的线型加深底稿。 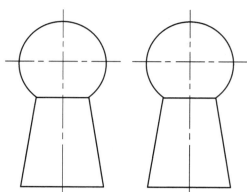 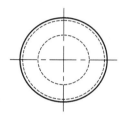
成果体现	将螺栓毛坯和球头销的三视图绘制在规定图纸上。
问题与收获	

课堂实践图纸

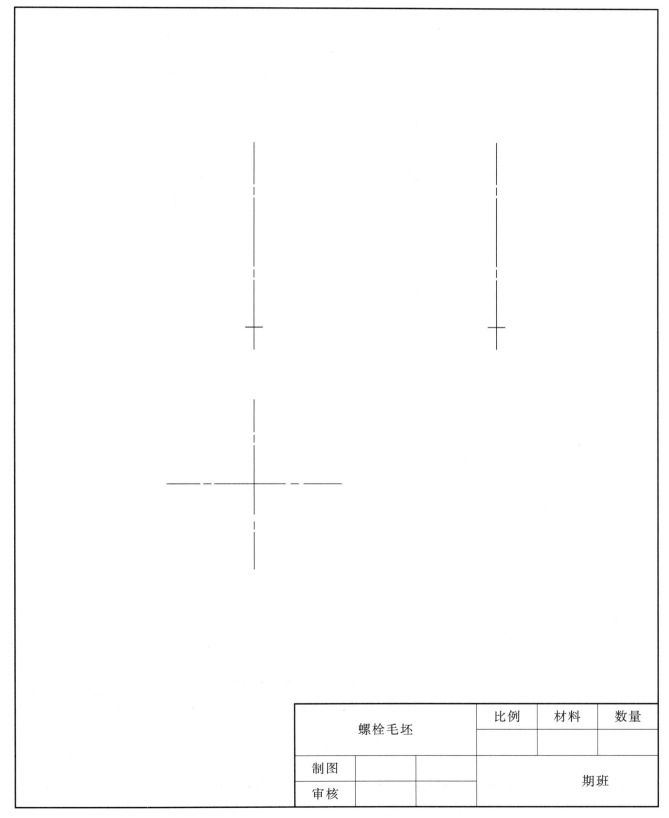

螺栓毛坯			比例	材料	数量
制图			期班		
审核					

课堂实践图纸

	球头销	比例	材料	数量
制图			期班	
审核				

评价单

任务		任务 3.1 识读与绘制基本体三视图					
姓名			日期				
期班			小组				
评价内容			自评（30%）	互评（30%）	教员评（40%）	总分	
平时学习 （100分）	课上回答问题（50%）						
	学习态度（50%）						
小组学习 （100分）	预习情况、课前测验（50%）						
	任务实施中组内作用发挥（50%）						
任务 （100分）	序号	评分内容	分值	自评（30%）	互评（30%）	教员评（40%）	总分
	1	能正确使用绘图工具，尤其是三角板的组合使用	5				
	2	表达方案合理	10				
	3	据确定的表达方案，能快速准确绘制模型的视图	20				
	4	视图的选择与配置恰当、投影正确	30				
	5	视图的图线横平竖直、粗细区别明显	10				
	6	图纸上书写的文字字体工整、笔画清楚、排列整齐	15				
	7	图面干净整洁，无污损	10				
	8	任务总分	100				

◀ 任务 3.2 识读与绘制截断体三视图 ▶

资讯单

教学目标	1.知道截交线的概念和截交线的性质； 2.学会识读与绘制截断体的三视图； 3.培养空间思维能力。
教学重点	圆柱体截交线投影的画法。
教学难点	圆筒截交线投影的画法。
预习方式	学员根据教员给出的预习引导进行预习并完成课前测验。
课前测验	**填空题：** 1.形体表面的交线通常分为相贯线和_____两种。 2.由平面切割形体而产生的交线，称为_____。 3._____和_____是截交线的基本特性，也是相贯线的基本特性。 **判断题（并将错误订正）：** 4.用平面切割立体，平面与立体表面的交线称为相贯线。（　　　）
预习引导	可参阅教材项目 3 任务 3.2 中相关内容。

任务单

任务目标	1. 会分析圆柱截交线的投影； 2. 会绘制圆柱截断体的三视图。
任务要求	1. 图样绘制在 A4 图纸上； 2. 绘制的图样符合国家标准要求，图面整洁、清晰、合理； 3. 能正确使用绘图工具，并做好维护保养； 4. 按时、按要求完成作业并上交。
任务实施	**理论学习** 1. 截交线的概念及基本特性； 2. 平面与圆柱的截交线画法； 3. 平面与圆筒的截交线画法。 **绘图实践** <div align="center">**子任务　绘制接头的三视图**</div> 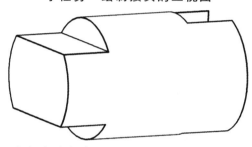 1. 确定物体的摆放位置（确定表达方案）。 2. 根据模型长、宽、高三维尺寸和图纸幅面大小选定绘图比例。 3. 结合模型长、宽、高三维尺寸，将三个视图匀称地布置在整个图纸幅面上。画出三视图的定位线（圆的对称中心线以及回转轴线）。 4. 绘制底稿。 　　(1)根据形体的形成特点,画圆柱体的投影。 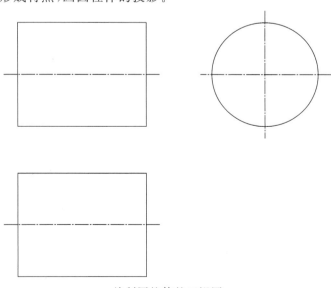 <div align="center">绘制圆柱体的三视图</div>

（2）画出圆柱被特殊位置平面切割之后得到的形体的投影（需要在圆柱视图上进行修改）。首先，绘制左侧开肩投影。从截交线积聚性视图开始画（先绘制主视图和左视图），结合切口的高度和三视图的对应关系完成俯视图的投影。

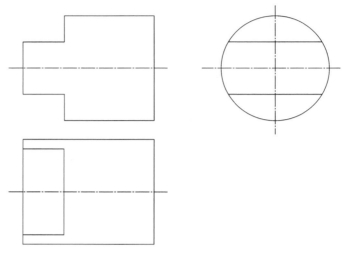

绘制左侧开肩投影

任务实施

然后，绘制右侧开槽投影。从截交线积聚性视图开始画（先绘制俯视图和左视图），结合切口的高度和三视图的对应关系完成主视图的投影。

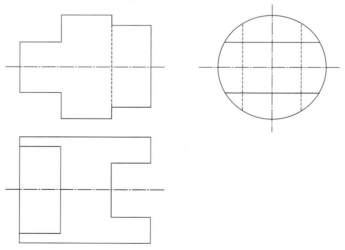

绘制右侧开槽投影

5. 检查加深。

全部底稿画完后，按照原来的绘图顺序仔细检查纠正，确认无误后，按国家标准中规定的线型加深底稿。

任务实施	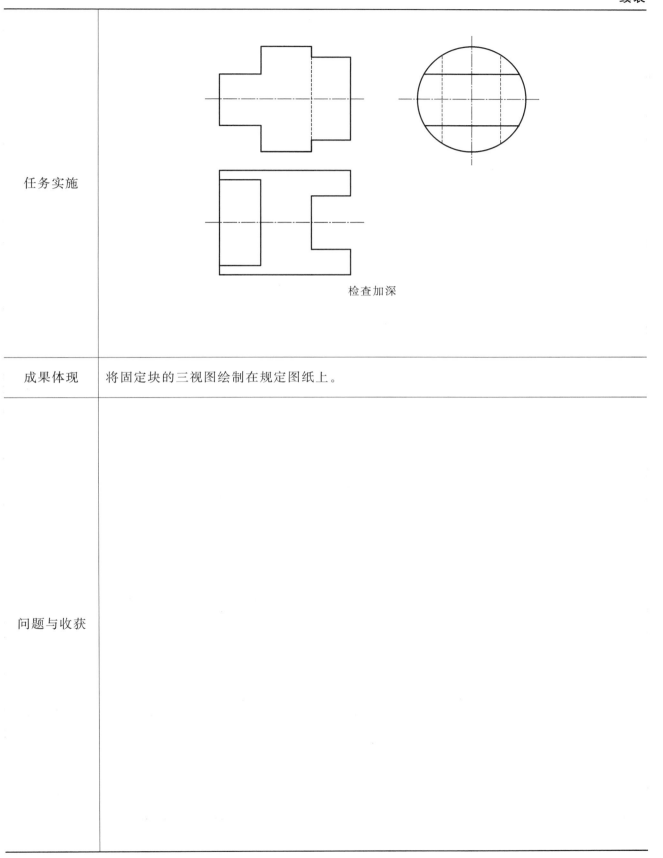 检查加深
成果体现	将固定块的三视图绘制在规定图纸上。
问题与收获	

课堂实践图纸

固定块			比例	材料	数量
制图			期班		
审核					

评价单

任务		任务 3.2　识读与绘制截断体三视图					
姓名				日期			
期班				小组			
评价内容			自评(30%)	互评(30%)	教员评(40%)		总分
平时学习 (100 分)		课上回答问题(50%)					
		学习态度(50%)					
小组学习 (100 分)		预习情况、课前测验(50%)					
		任务实施中组内作用发挥(50%)					
任务 (100 分)	序号	评分内容	分值	自评(30%)	互评(30%)	教员评(40%)	总分
	1	能正确使用绘图工具,尤其是三角板的组合使用	5				
	2	表达方案合理	10				
	3	据确定的表达方案,能快速准确绘制模型的视图	20				
	4	视图的选择与配置恰当、投影正确	30				
	5	视图的图线横平竖直、粗细区别明显	10				
	6	图纸上书写的文字字体工整、笔画清楚、排列整齐	15				
	7	图面干净整洁,无污损	10				
	8	任务总分	100				

◀ 任务 3.3　识读与绘制相贯体三视图 ▶

资讯单

教学目标	1.知道相贯线的概念,概括相贯线的性质; 2.学会识读与绘制相贯体的三视图; 3.知道过渡线的形成与画法,培养空间思维能力; 4.能理解并区分相贯线的一般和特殊情况。
教学重点	两直径不相等圆柱正交时相贯线的简化画法。
教学难点	两直径不相等圆柱正交时较大圆柱回转轴的判定。
预习方式	学员根据教员给出的预习引导进行预习并完成课前测验。
课前测验	**填空题:** 1.形体表面的交线通常分为截交线和_____两种。 2._____和_____是截交线的基本特性,也是相贯线的基本特性。 3.由两形体相交而产生的表面交线,称为_____。 4.两圆柱正交时相贯线的简化画法是用_____代替非圆曲线,需要找半径和圆心。其中,半径_____,圆心_____。 5.相贯线的变化趋势是:两圆柱直径越接近,相贯线的弯曲程度越_____。 6.形体的表面交线通常分为_____和_____两种。由平面切割形体而产生的交线,称为_____。由两形体相交而产生的表面交线,称为_____。 7.两圆柱轴线垂直相交(正交)时,只需在两个圆柱面都不积聚为圆的一个视图上,单独画出_____的投影。通常可以用圆弧画出。画图的要领是:以_____的半径为画图半径,_____在小圆柱的轴线上,圆弧_____大圆柱的轴线。 **判断题(并将错误订正):** 8.用平面切割立体,平面与立体表面的交线称为相贯线。(　　　)
预习引导	可参阅教材项目 3 任务 3.3 中相关内容。

任务单

任务目标	1. 会分析圆柱相贯线的投影； 2. 会绘制圆柱相贯线的三视图。
任务要求	1. 图样绘制在 A4 图纸上； 2. 绘制的图样符合国家标准要求，图面整洁、清晰、合理； 3. 能正确使用绘图工具，并做好维护保养； 4. 按时、按要求完成作业并上交。
任务实施	**理论学习** 1. 相贯线的概念及基本特性； 2. 回转体与回转体的相贯线画法； 3. 两圆柱正交时过渡线的画法。 **绘图实践** 子任务 绘制三通管的三视图 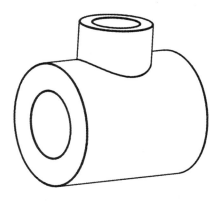 1. 确定物体的摆放位置（确定表达方案）。 2. 根据模型长、宽、高三维尺寸和图纸幅面大小选定绘图比例。 3. 结合模型长、宽、高三维尺寸，将三个视图匀称地布置在整个图纸幅面上。画出三视图的定位线（圆的对称中心线以及回转轴线）。 4. 绘制底稿。 　（1）根据形体的形成特点，画圆柱体的投影，绘制外层相贯线即两实心圆柱相贯。

任务实施

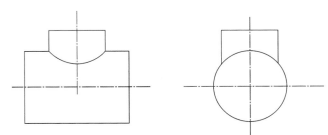

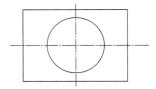

绘制两实心圆柱相贯

(2)绘制内层相贯线即两空心圆柱相贯。

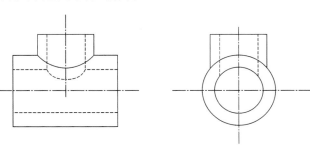

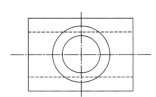

绘制两空心圆柱相贯

5.检查加深。

全部底稿画完后,按照原来的绘图顺序仔细检查纠正,确认无误后,按国家标准中规定的线型加深底稿。

任务实施	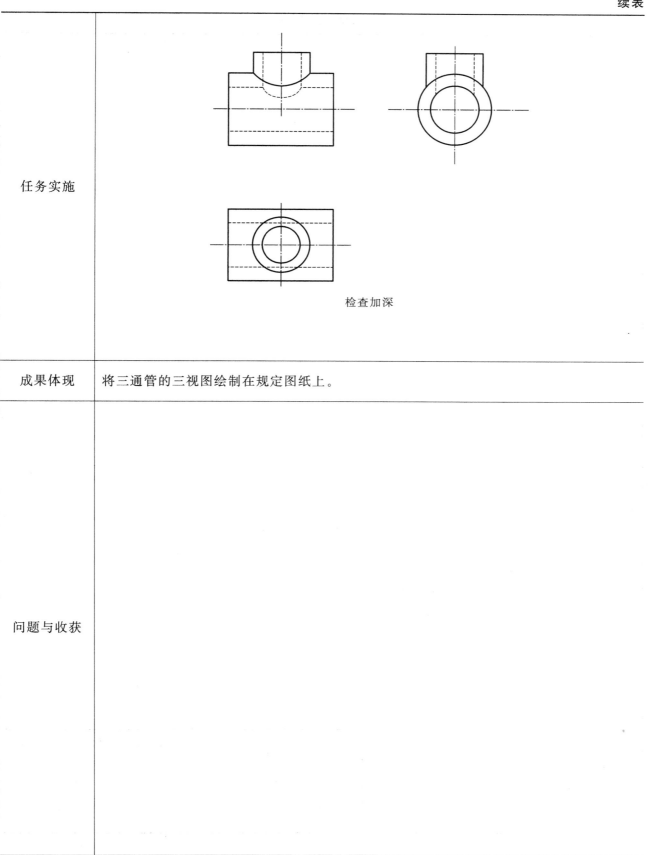
	检查加深
成果体现	将三通管的三视图绘制在规定图纸上。
问题与收获	

课堂实践图纸

		比例	材料	数量
三通管				
制图			期班	
审核				

评价单

任务		任务 3.3 识读与绘制相贯体三视图				
姓名			日期			
期班			小组			
评价内容			自评(30%)	互评(30%)	教员评(40%)	总分
平时学习 (100分)	课上回答问题(50%)					
	学习态度(50%)					
小组学习 (100分)	预习情况、课前测验(50%)					
	任务实施中组内作用发挥(50%)					

	序号	评分内容	分值	自评(30%)	互评(30%)	教员评(40%)	总分
任务 (100分)	1	能正确使用绘图工具,尤其是三角板的组合使用	5				
	2	表达方案合理	10				
	3	据确定的表达方案,能快速准确绘制模型的视图	20				
	4	视图的选择与配置恰当、投影正确	30				
	5	视图的图线横平竖直、粗细区别明显	10				
	6	图纸上书写的文字字体工整、笔画清楚、排列整齐	15				
	7	图面干净整洁,无污损	10				
	8	任务总分	100				

组合体三视图的识读与绘制

◀ 任务 4.1 绘制组合体三视图 ▶

资讯单

教学目标	1. 知道组合体的形体分析法及组合形式； 2. 学会绘制组合体三视图的方法与步骤； 3. 能解决组合体三视图的画法问题； 4. 培养空间思维能力； 5. 培养多角度、全方位、分层次分析问题、解决问题的辩证思维能力，以及耐心细致、精益求精的工作态度。
教学重点	形体分析法。
教学难点	画任意组合体的三视图（视图选择）。
预习方式	学员根据教员给出的预习引导进行预习并完成课前测验。
课前测验	**填空题：** 1. 由若干个基本形体经过叠加、切割等方式组合而成的物体,称为_____。 2. 把物体分解成一些简单的基本形体并确定它们之间的相对位置、组合形式的一种思维方法,称为_____法。该方法是画图、看图和标注尺寸时所用的重要分析方法。 3. 组合体各组成部分表面之间有的_____,有的_____,也有_____或_____等各种连接关系。 **选择题：** 4. 阅读组合体三视图,首先应使用的读图方法是( )。 　（A）线面分析法　　　　　　　　（B）形体分析法 　（C）综合分析法　　　　　　　　（D）线型分析法 5. 阅读组合体三视图中形体较复杂的局部结构时,要进行( )。 　（A）形体分析　　　　　　　　　（B）线面分析 　（C）投影分析　　　　　　　　　（D）尺寸分析
预习引导	可参阅教材项目 4 任务 4.1 中相关内容。

任务单

任务目标	1. 熟悉绘制组合体三视图的方法与步骤； 2. 会补全给定组合体三视图中所缺的图线； 3. 能根据组合体的三视图构思其形状结构。
任务要求	1. 绘制的图样符合国家标准要求,图面整洁、清晰、合理； 2. 能正确使用绘图工具,并做好维护保养； 3. 按时、按要求完成作业并上交。
任务实施	**理论学习** 1. 组合体形体分析和组合形式； 2. 组合体三视图的画法。 **绘图实践** 1. 确定组合体表达方案,并对其进行"形体分析"。 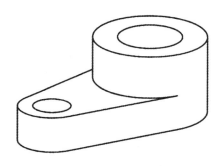 2. 画出各视图作图的基准线:对称轴线,圆孔中心线及其对应的轴线,底面位置线。 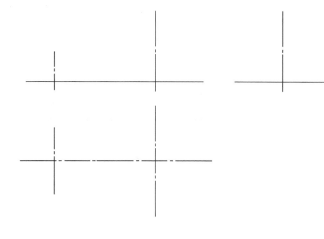

3. 画圆筒。从反映圆筒形状特征的俯视图开始画。

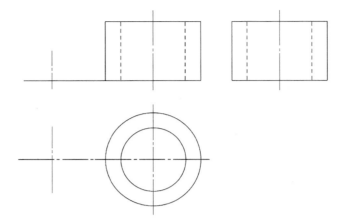

4. 画底板。从反映底板形状特征的俯视图开始画。先画底板左侧外圆柱面及孔的投影,如图 1 所示;然后根据相切画出底板前后平面的投影,如图 2 所示;最后完成主视图、左视图的投影。

任务实施

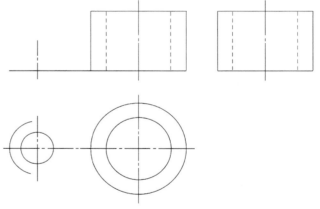

图 1　绘制底板左侧外圆柱面及孔在俯视图中的投影

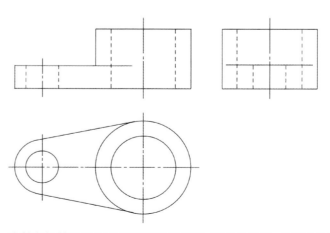

图 2　绘制底板前后平面在俯视图中的投影;完成主视图、左视图的投影

任务实施	5.检查整个图的底稿,确认无误后,按照线型标准描深各线。
成果体现	在规定图纸上补全组合体的三视图。
问题与收获	

课堂实践图纸

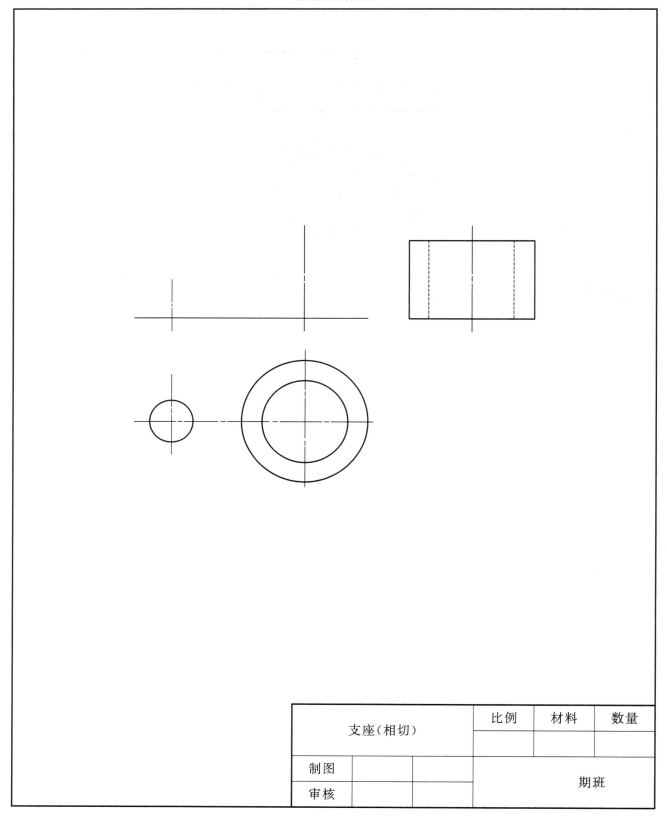

	比例	材料	数量
支座（相切）			
制图			
审核			期班

课堂拓展练习图纸

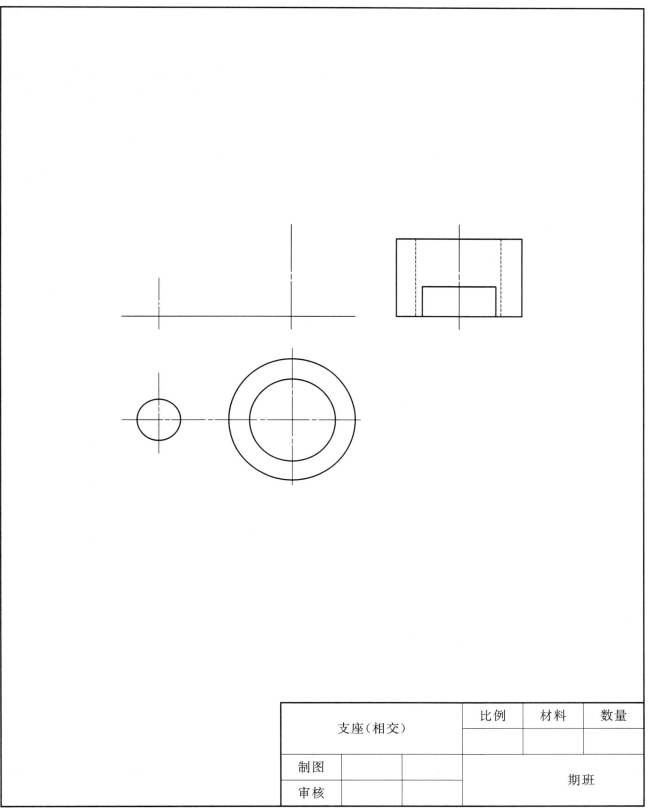

支座(相交)	比例	材料	数量
制图			期班
审核			

课后检测

理论知识 检测	1. 用正投影法把空间的组合体表示在平面上,即从三维空间形体到二维平面图形,这个过程叫作_____;而_____则是根据平面图形运用正投影的规律想象出空间组合体的形状,即从二维平面图形到三维空间形体。 2. 形体分析法就是把一个组合体假想拆分成若干基本形体,弄清各基本形体的_____、_____和_____及其表面过渡连接关系的方法。 3. 画组合体的三视图一般要经过_____,确定方案,选择主视图,确定比例、选定图幅,布置_____,绘制底稿,检查_____等步骤。 4. 选择组合体主视图的投影方向时,应( )。 (A)尽可能多地反映组合体的形状特征和各部分的相对位置 (B)使它的长方向平行于正投影面 (C)使其他视图呈现的虚线最少 (D)前三条均考虑
绘图技能 检测	5. 补全以下形体的三视图。

评价单

任务		任务 4.1 绘制组合体三视图				
姓名			日期			
期班			小组			

评价内容		自评(30%)	互评(30%)	教员评(40%)	总分
平时学习 (100分)	课上回答问题(50%)				
	学习态度(50%)				
小组学习 (100分)	预习情况、课前测验(50%)				
	任务实施中组内作用发挥(50%)				

	序号	评分内容	分值	自评(30%)	互评(30%)	教员评(40%)	总分
任务 (100分)	1	能正确使用绘图工具,尤其是三角板的组合使用	5				
	2	表达方案合理	10				
	3	据确定的表达方案,能快速准确绘制模型的视图	20				
	4	视图的选择与配置恰当、投影正确	30				
	5	视图的图线横平竖直、粗细区别明显	10				
	6	图纸上书写的文字字体工整、笔画清楚、排列整齐	15				
	7	图面干净整洁,无污损	10				
	8	任务总分	100				

◀ 任务 4.2　识读组合体尺寸标注 ▶

资讯单

教学目标	1. 识别组合体视图上的尺寸标注； 2. 解决组合体尺寸标注的识读问题； 3. 培养空间思维能力。
教学重点	形体分析法。
教学难点	尺寸基准的判断。
预习方式	学员根据教员给出的预习引导进行预习并完成课前测验。
课前测验	**判断题（并将错误订正）：** 1. 组合体尺寸标注的基本要求是：正确、齐全和清晰。（　　　） 2. 确定组合体中各基本形体形状、大小的尺寸称为定位尺寸。（　　　） 3. 确定组合体中各基本形体之间相对位置的尺寸称为定形尺寸。（　　　） 4. 确定长、宽、高方向的尺寸基准，每个方向至少要有一个基准。（　　　） 5. 常以零件的底面、端面、对称面和轴线作为基准。（　　　）
预习引导	可参阅教材项目 4 任务 4.2 中相关内容。

任务单

任务目标	1. 熟悉标注组合体尺寸的方法与步骤； 2. 应用形体分析法标注组合体尺寸。
任务要求	1. 绘制的图样符合国家标准要求,图面整洁、清晰、合理； 2. 尺寸标注应正确、完整、合理； 3. 按时、按要求完成作业并上交。
任务实施	**理论学习** 1. 尺寸标注的基本要求及方法； 2. 尺寸分类； 3. 尺寸基准； 4. 注意事项。 **实践** 子任务　标注组合体三视图尺寸 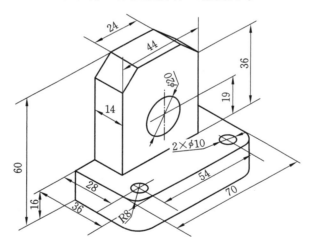 1. 确定组合体表达方案,并对其进行"形体分析"。该组合体可以看成由底板和立板组成。 2. 标注底板的尺寸。确定尺寸基准:长度方向的尺寸基准是左右对称面,宽度方向的尺寸基准是后端面,高度方向的尺寸基准是下底面。注意:整体尺寸、圆孔的定形和定位尺寸、两圆弧角的定形尺寸不要遗漏。 3. 标注立板的尺寸。确定尺寸基准:长度方向的尺寸基准是左右对称面,宽度方向的尺寸基准是后端面,下底面是高度方向的主要尺寸基准,上底面是高度方向的次要尺寸基准。注意:整体尺寸,圆孔、左右切角的定形和定位尺寸不要遗漏。

任务实施

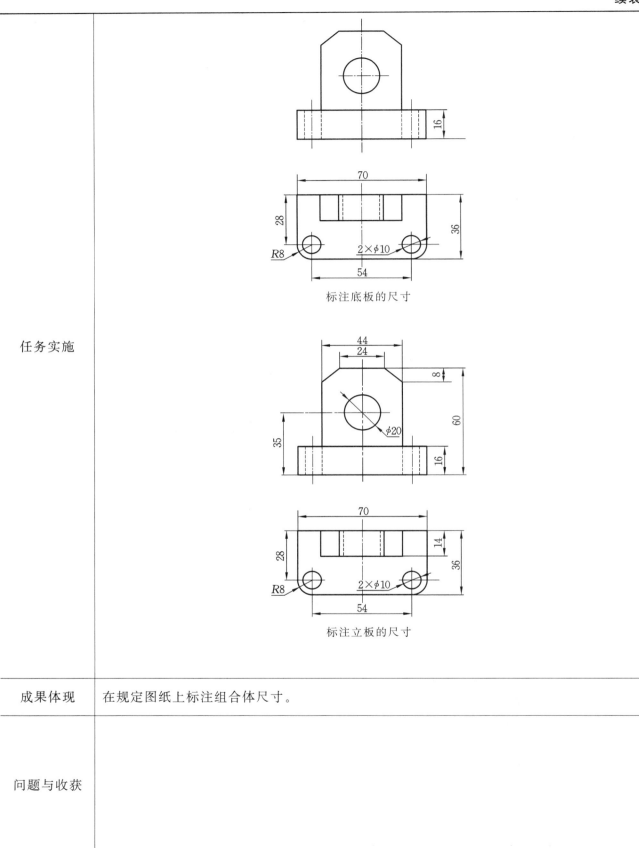

标注底板的尺寸

标注立板的尺寸

| 成果体现 | 在规定图纸上标注组合体尺寸。 |

问题与收获

课堂实践图纸

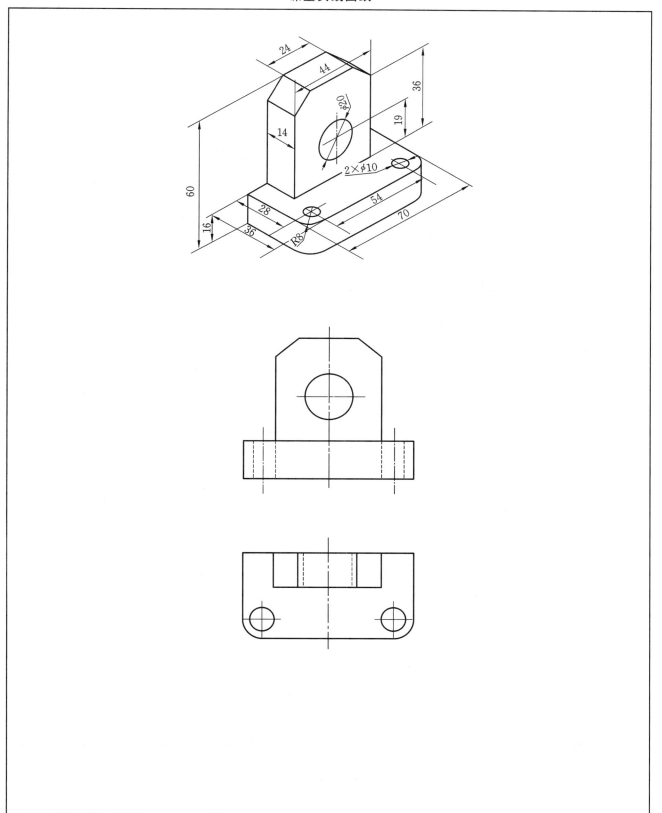

评价单

任务	任务 4.2　识读组合体尺寸标注					
姓名			日期			
期班			小组			

评价内容		自评(30%)	互评(30%)	教员评(40%)	总分
平时学习 (100分)	课上回答问题(50%)				
	学习态度(50%)				
小组学习 (100分)	预习情况、课前测验(50%)				
	任务实施中组内作用发挥(50%)				

	序号	评分内容	分值	自评(30%)	互评(30%)	教员评(40%)	总分
任务 (100分)	1	能正确使用绘图工具,尤其是三角板的组合使用	10				
	2	尺寸标注正确,符合国家标准	30				
	3	尺寸标注完整,无遗漏,不重复	30				
	4	尺寸标注合理,既满足设计要求,又满足工艺要求	30				
	5	任务总分	100				

◀ 任务 4.3　识读组合体三视图 ▶

资讯单

教学目标	1. 总结看组合体三视图的基本知识、方法； 2. 会运用形体分析法和线面分析法看组合体三视图； 3. 培养空间思维能力。
教学重点	用形体分析法和线面分析法看组合体三视图。
预习方式	学员根据教员给出的预习引导进行预习并完成课前测验。
课前测验	**填空题：** 1. 由若干个基本形体经过叠加、切割等方式组合而成的物体，称为_____。 2. 把物体分解成一些简单的基本形体并确定它们之间的相对位置、组合形式的一种思维方法，称为_____法。该方法是画图、看图和标注尺寸时所用的重要分析方法。 **选择题：** 3. 阅读叠加型组合体三视图，首先应使用的读图方法是（　　）。 　(A)线面分析法　　　　　　　　(B)形体分析法 　(C)综合分析法　　　　　　　　(D)线型分析法 4. 阅读切割型组合体三视图，首先应使用的读图方法是（　　）。 　(A)形体分析　　　　　　　　　(B)线面分析 　(C)投影分析　　　　　　　　　(D)尺寸分析
预习引导	可参阅教材项目 4 任务 4.3 中相关内容。

任务单

任务目标	1. 总结看组合体三视图的基本知识、方法; 2. 会运用形体分析法和线面分析法看组合体三视图; 3. 培养空间思维能力。
任务要求	1. 根据组合体三视图构思出其立体结构; 2. 学会识读组合体三视图的方法并形成读图能力。
任务实施	**理论学习** 1. 看图的基本知识; 2. 看图方法及举例。 **读图实践** **子任务1　识读支架三视图** 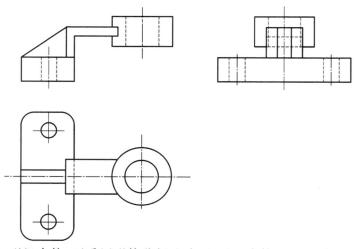 该组合体为叠加型组合体,可采用形体分析法读图,对组合体进行"形体分析"。 1. 看视图,分线框。 　　从主视图入手,可分成四个线框,即将组合体看成是由四个简单体组合而成的。 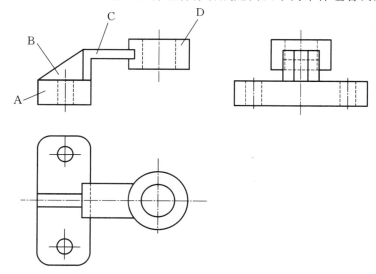

任务实施

2.对投影,定形体。

　　根据"长对正、高平齐、宽相等"的投影规律,分别找出每个线框在其他两视图中的投影,定出四个简单体的形状。

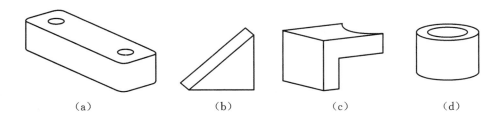

（a）　　　　　　（b）　　　　　　（c）　　　　　　（d）

3.综合起来想形体。

　　根据各简单体之间的空间相对位置关系,将四个简单体组合起来,构思出组合体的形状。

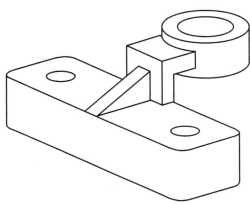

练习　识读下面的组合体三视图,并回答问题。

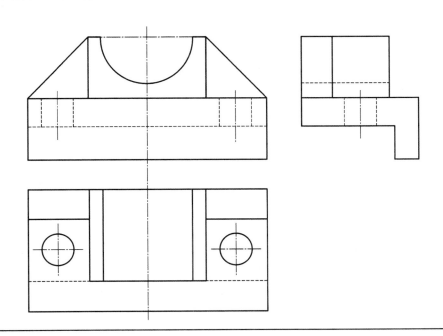

该组合体为_____型组合体,可采用_____读图,对组合体进行"形体分析"。

1.看视图,分线框。

从主视图入手,可分成____个线框,即将组合体看成是由____个简单体组合而成的。

2.对投影,定形体。

根据"长对正、高平齐、宽相等"的投影规律,分别找出每个线框在其他两视图中的投影,定出四个简单体的形状,分别为_____、_____、_____、_____。

3.综合起来想形体。

根据各简单体之间的空间相对位置关系,将四个简单体组合起来,构思出组合体的形状。_____在最下面,_____在中间靠后位置,_____在两侧靠后位置。

子任务 2 识读组合体三视图

任务实施

该组合体为切割型组合体,可采用线面分析法读图。

1.找线条,对投影;识别形状和位置。

(1)从主视图中的斜线入手,根据"长对正、高平齐、宽相等"的投影规律,找出该斜线在其他两视图中的投影,如图(a)阴影部分所示,分析出该线表示的物体面的位置和形状,该面可以看成是在长方体左侧切出一个斜面,该面垂直于正面,立体结构如图(b)所示。

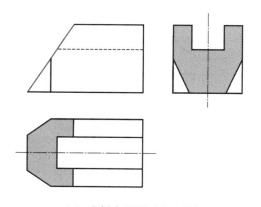 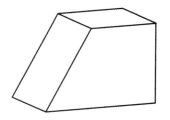

（a）分析主视图中的开槽　　　　　　　　　　（b）立体结构

(2)从左视图中的缺口入手,根据"长对正、高平齐、宽相等"的投影规律,找出该缺口在其他两视图中的投影,如图(c)阴影部分所示,分析出该缺口表示的物体面的位置和形状,该缺口可以看成是在形体(b)上方前后对称位置从左到右开槽,立体结构如图(d)所示。

续表

任务实施	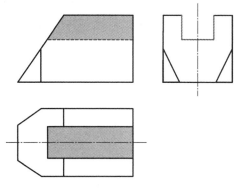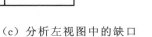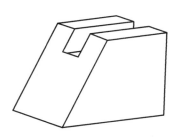 （c）分析左视图中的缺口　　　　（d）立体结构 （3）从俯视图左侧前后的斜线入手，根据"长对正、高平齐、宽相等"的投影规律，找出这两条斜线在其他两视图中的投影，如图（e）阴影部分所示，分析出这两条斜线表示的物体面的位置和形状，这两条斜线可看成铅垂面将形体（d）左前和左后切除，立体结构如图（f）所示。 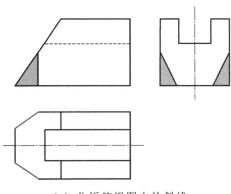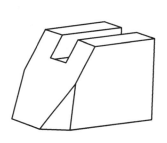 （e）分析俯视图中的斜线　　　　（f）立体结构 2.综合起来想形状。 　　通过一步步的切割分析，得出该三视图表达的物体空间结构如图（f）所示。
成果体现	绘制出组合体立体图草图。
问题与收获	

评价单

任务	任务 4.3　识读组合体三视图					
姓名			日期			
期班			小组			
评价内容		自评（30％）	互评（30％）	教员评（40％）	总分
平时学习 （100分）	课上回答问题（50％）					
	学习态度（50％）					
小组学习 （100分）	预习情况、课前测验（50％）					
	任务实施中组内作用发挥（50％）					

	序号	评分内容	分值	自评（30％）	互评（30％）	教员评（40％）	总分
任务 （100分）	1	依据组合体三视图辨别组合体的类型	10				
	2	选用正确的读图方法识读组合体三视图	10				
	3	构思出组合体的空间形状	70				
	4	准确描述组合体的结构	10				
	5	任务总分	100				

典型零件图样的识读与绘制

◀ 任务 5.1　识读与绘制典型零件各种视图 ▶

资讯单

教学目标	1. 会阐述四种视图的基本概念； 2. 能辨别四种视图； 3. 初步学会四种视图的识读方法； 4. 培养学员用抓主要矛盾的思维方式分析问题、解决问题的能力。
教学重点	基本视图。
教学难点	局部视图、斜视图。
预习方式	学员根据教员给出的预习引导进行预习并完成课前测验。
课前测验	**填空题：** 1. 将机件分别向六个基本投影面投影，所得的六个视图称为_____。其名称分别是主视图、_____、_____、_____、_____、_____。 2. _____视图是可以自由配置的视图，本质上就是基本视图没有按投影关系配置。 3. 将机件的某一部分向基本投影面投影所得的视图，称为_____。 4. 将机件向不平行于任何基本投影面的平面投影所得的视图，称为_____。
预习引导	可参阅教材项目 5 任务 5.1 中相关内容。

任务单

任务目标	1. 结合基本视图中左、右视图,俯、仰视图,主、后视图间的对应关系,熟练掌握基本视图的画法; 2. 掌握视图的画法、配置及标注; 3. 熟悉四种视图的应用情况,能辨别四种视图。
任务要求	1. 完成训练册上指定的练习题目; 2. 绘制的图样符合国家标准要求,图面整洁、清晰; 3. 能正确使用绘图工具,并做好维护保养; 4. 按时、按要求完成作业并上交。
任务实施	**理论学习** 1. 基本视图; 2. 向视图; 3. 局部视图; 4. 斜视图; 5. 看图训练。 **读图、绘图实践** 1. 根据基本视图的特征,完成下图中的右视图、后视图和仰视图。

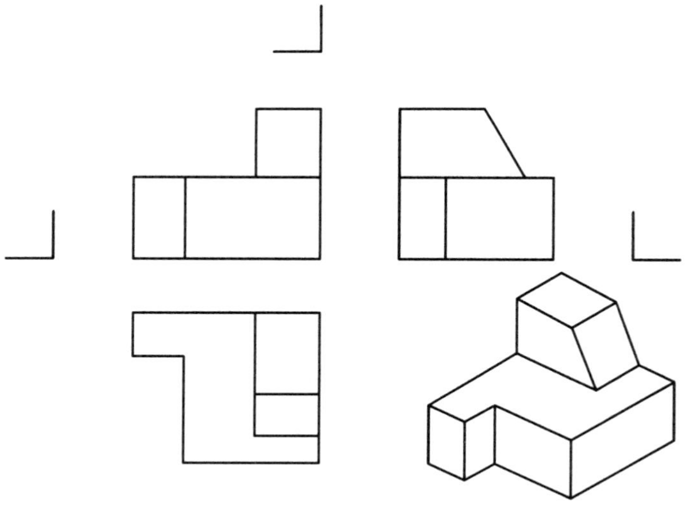

任务实施

2.如果下图中第一个视图为主视图,请分析并判断下图中的各个向视图是哪种基本视图。

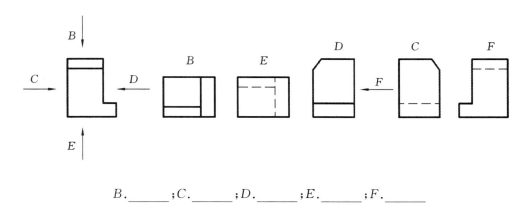

B._____;C._____;D._____;E._____;F._____

3.指出下图中各视图的名称,并阐述其表达意图。

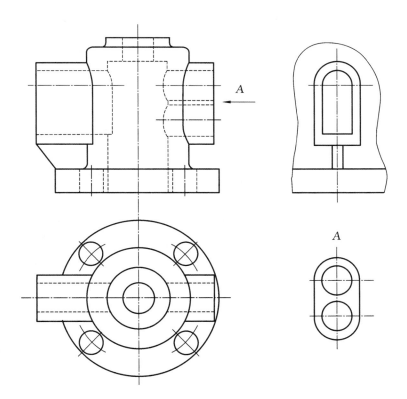

4. 按要求完成下图中的局部视图和斜视图。

任务实施

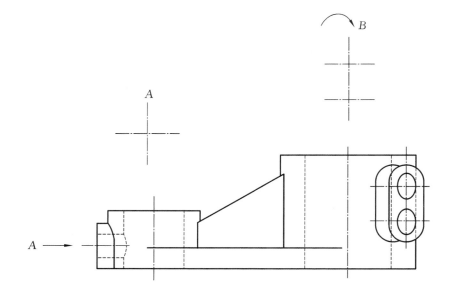

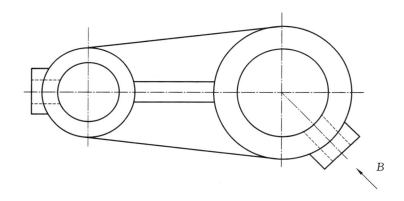

任务实施	5.请分析下图中具体使用了哪几种表达方法。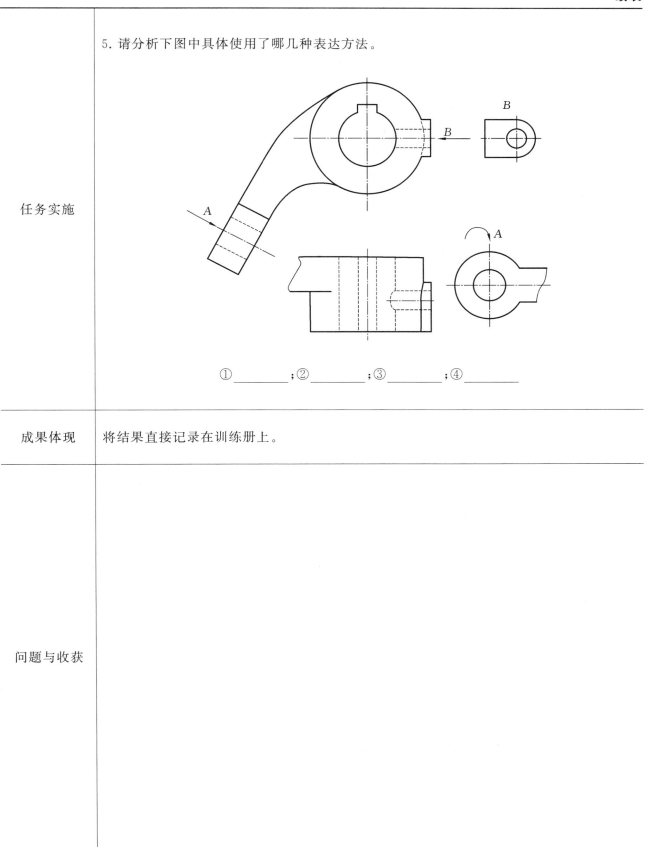①_____;②_____;③_____;④_____
成果体现	将结果直接记录在训练册上。
问题与收获	

课后检测

理论知识 检测	1. 视图是根据有关国家标准和规定用_____法绘制的图形。在机械图样中,视图主要用来表达机件的_____结构形状,一般只画出可见部分,必要时才用虚线画出不可见部分。 2. 向视图就是( )。 (A)在基本视图上加上名称的视图 (B)将物体某部分向基本投影面投影得到的视图 (C)将物体某部分向倾斜于基本投影面的平面投影得到的视图 (D)不按投影关系配置的基本视图 3. 区别基本视图和向视图的方法是看( )。 (A)视图正上方有无"×向" (B)视图旁边有无标注箭头 (C)视图是否完整 (D)视图旁边有无标注 4. 局部视图与斜视图的实质区别是( )。 (A)投影面不同 (B)投影方法不同 (C)投影部位不同 (D)标注不同
读图、绘图 技能检测	5. 请优化下图的表达方案,使视图更加简洁、清晰,并将优化后的视图画在指定位置上。 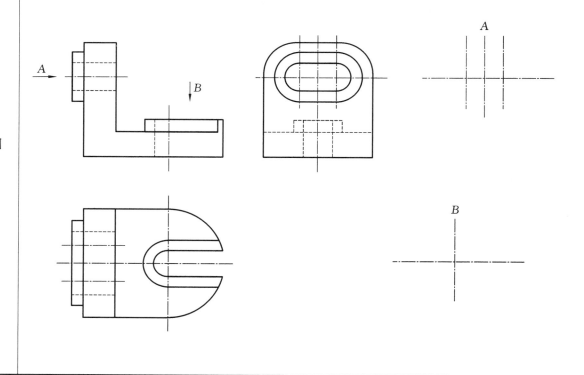

评价单

任务		任务 5.1　识读与绘制典型零件各种视图					
姓名				日期			
期班				小组			
评价内容			自评（30%）	互评（30%）	教员评（40%）	总分	
平时学习 （100 分）		课上回答问题（50%）					
		学习态度（50%）					
小组学习 （100 分）		预习情况、课前测验（50%）					
		任务实施中组内作用发挥（50%）					
任务 （100 分）	序号	评分内容	分值	自评（30%）	互评（30%）	教员评（40%）	总分
	1	能正确使用绘图工具，尤其是三角板的组合使用	5				
	2	表达方案合理	10				
	3	据确定的表达方案，能快速准确绘制模型的视图	20				
	4	视图的选择与配置恰当、投影正确	30				
	5	视图的图线横平竖直、粗细区别明显	10				
	6	图纸上书写的文字字体工整、笔画清楚、排列整齐	15				
	7	图面干净整洁，无污损	10				
	8	任务总分	100				

任务 5.2　识读与绘制典型零件剖视图

资讯单

教学目标	1. 能阐述剖视图的形成及基本画法； 2. 能辨别三种剖视图； 3. 会识读三种剖视图； 4. 激发学员的民族自豪感。
教学重点	剖视图的形成及基本画法。
教学难点	各种剖视图的识读。
预习方式	学员根据教员给出的预习引导进行预习并完成课前测验。
课前测验	**填空题：** 1. 剖视图的形成:假想用剖切面_____机件,将观察者和剖切面之间的部分_____,将其余部分向投影面投影。剖视图主要用来减少图中虚线,表达机件的_____结构形状。 2. 剖视图可分为全剖视图、半剖视图和_____剖视图三种。 3. 用剖切平面完全地剖开机件所得的剖视图,称为_____。 4. 当机件具有对称平面时,在垂直于对称平面的投影面上投影所得的图形,可以对称中心线为界,一半画成剖视图表示内部结构,一半画成视图表示外形,这样组合而成的图形,称为_____。 5. 用剖切平面局部地剖开机件所得的剖视图,称为_____。
预习引导	可参阅教材项目 5 任务 5.2 中相关内容。

任务单

任务目标	1. 运用剖视图的基本画法将视图改画成剖视图； 2. 熟悉剖视图的画法及标注； 3. 掌握剖视图应用的情况, 能辨别三种剖视图。
任务要求	1. 完成训练册上指定的练习题目； 2. 绘制的图样符合国家标准要求, 图面整洁、清晰； 3. 能正确使用绘图工具, 并做好维护保养； 4. 按时、按要求完成作业并上交。
任务实施	**理论学习** 1. 剖视图概述； 2. 剖切面的种类； 3. 剖视图的种类； 4. 看图训练。 **读图、绘图实践** 1. 按要求将主视图改画成剖视图。 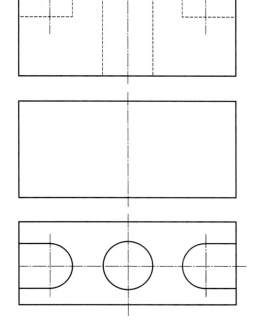 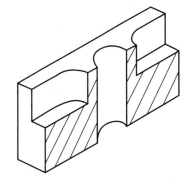

任务实施	2.请简要分析下图中各视图分别使用了哪种表达方法,并阐述其表达意图。 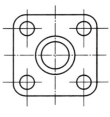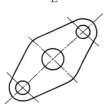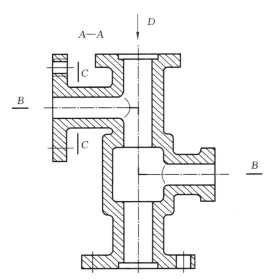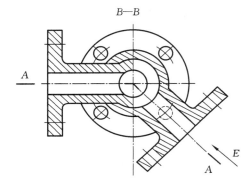 A—A,＿＿＿＿＿；B—B,＿＿＿＿＿；C—C,＿＿＿＿＿；D,＿＿＿＿＿；E,＿＿＿＿＿
成果体现	将结果直接记录在训练册上。
问题与收获	

课后检测

理论知识 检测	1. 金属材料的剖面符号称为剖面线,用与水平线成_____、互相_____且间隔_____的细实线画出,左右倾斜均可。同一机件所有剖视图中剖面线应_____方向、_____间隔,必须一致。 2. 半剖视图中,半个剖视图和半个视图间的分界线,一定是_____。而且,在表示外形的半个视图中,剖视图中已表达清楚的结构的_____不必画出。 3. 画局部剖视图时,剖与不剖之间以_____分界。波浪线不应与图形上其他的图线_____;遇孔、槽时,_____线不能穿孔、槽而过;波浪线也不能超出视图的_____。 4. 如果一个物体前后对称,而且其上的孔的轴线垂直于水平面,则应该在(　　)选用半剖视图。 （A）主视图 （B）左视图 （C）俯视图 （D）左视图或俯视图
绘图技能 检测	5. 将主视图画成全剖视图。 

绘图技能 检测	6. 将俯视图画成半剖视图。 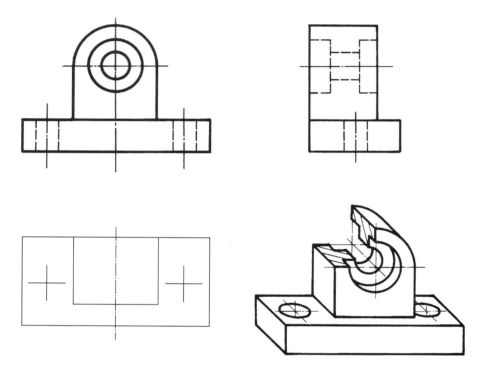 7. 将主视图和左视图画成局部剖视图。 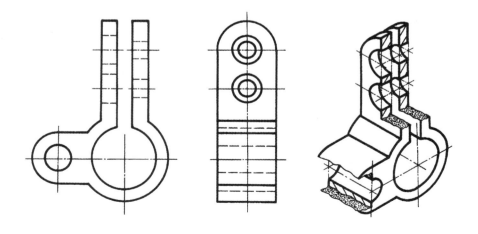

评价单

任务		任务 5.2 识读与绘制典型零件剖视图					
姓名				日期			
期班				小组			
评价内容			自评(30%)	互评(30%)	教员评(40%)	总分	
平时学习 (100 分)		课上回答问题(50%)					
		学习态度(50%)					
小组学习 (100 分)		预习情况、课前测验(50%)					
		任务实施中组内作用发挥(50%)					
任务 (100 分)	序号	评分内容	分值	自评(30%)	互评(30%)	教员评(40%)	总分
	1	能正确使用绘图工具,尤其是三角板的组合使用	5				
	2	表达方案合理	10				
	3	据确定的表达方案,能快速准确绘制模型的视图	20				
	4	视图的选择与配置恰当、投影正确	30				
	5	视图的图线横平竖直、粗细区别明显	10				
	6	图纸上书写的文字字体工整、笔画清楚、排列整齐	15				
	7	图面干净整洁,无污损	10				
	8	任务总分	100				

◀ 任务 5.3　识读与绘制典型零件断面图 ▶

资讯单

教学目标	1. 能阐述移出断面图的形成及画法； 2. 会识读两种断面图； 3. 培养学员爱岗敬业的精神。
教学重点	移出断面图的画法。
教学难点	断面在特殊情况下的规定画法。
预习方式	学员根据教员给出的预习引导进行预习并完成课前测验。
课前测验	**填空题：** 1. 假想用剖切平面将机件的某处切断，只画出断面的图形，称为_____。它主要用来表达机件上某一局部的_____。 2. 断面图与剖视图的区别是：断面图仅画出被切机件的形状，它是_____的投影；而剖视图除了要画出被切的断面形状外，还需画出断面后的可见轮廓，它是_____的投影。 3. 断面图分为_____断面图和_____断面图。画在视图外面的断面图称为_____，轮廓线用_____绘制；画在视图轮廓线内的断面图称为_____，轮廓线用_____绘制。 4. 将机件的部分结构，用大于原图形所采用的比例画出的图形，称为_____。
预习引导	可参阅教材项目 5 任务 5.3 中相关内容。

任务单

任务目标	1. 结合断面图的定义理解断面图的形成; 2. 根据断面图的画法完成断面图的绘制; 3. 能辨别断面图的一般画法和特殊情况下的规定画法。
任务要求	1. 完成训练册上指定的练习题目; 2. 绘制的图样符合国家标准要求,图面整洁、清晰、合理; 3. 能正确使用绘图工具,并做好维护保养; 4. 按时、按要求完成作业并上交。
任务实施	**理论学习** 1. 断面图基本知识; 2. 断面图的种类及画法; 3. 断面图的标注; 4. 断面图在特殊情况下的规定画法; 5. 局部放大图及其他表达方法。 **读图、绘图实践** 1. 判断下图中断面图的正误,在正确的断面图上打"√"。 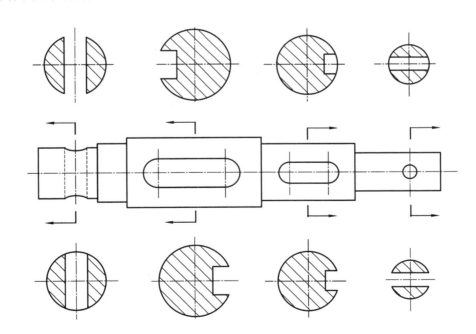

2. 补全下图中的断面图。

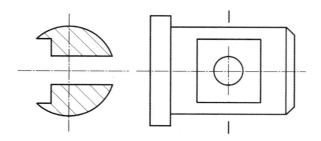

3. 画出下图中的断面图。

任务实施

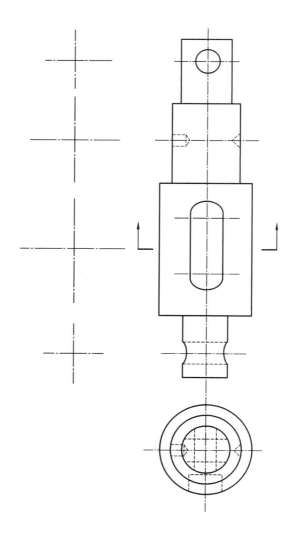

任务实施	4. 读主动齿轮轴零件图,并回答问题。 　　(1)零件的名称是＿＿＿＿＿＿,材料是＿＿＿＿＿＿。 　　(2)绘图的比例是＿＿＿＿＿。图大还是实物大?＿＿＿＿＿＿。 　　(3)图样由＿＿＿个图形组成,分别为＿＿＿＿视图、＿＿＿＿断面图和＿＿＿＿图。其 　　　　中,断面图主要表达＿＿＿＿＿的结构。 　　(4)该零件的总长为＿＿＿＿＿＿,最大直径为＿＿＿＿＿＿。 　　(5)该零件由 5 段同轴的＿＿＿＿＿构成,右侧第 2 段上有一个键槽,其长为＿＿＿＿＿,宽 　　　　为＿＿＿＿,深为＿＿＿＿＿,位置由尺寸＿＿＿＿＿确定。 　　(6)该零件的径向尺寸基准为＿＿＿＿＿。 5. 读连接杆零件图,并回答问题。 　　这个零件的名称是＿＿＿＿＿,它的材料是＿＿＿＿＿。表达该零件画了＿＿＿＿视图和 　　一个＿＿＿＿图。主视图上的两条细双点画线是＿＿＿＿画法。该零件由 3 段同轴的 　　＿＿＿＿＿构成。$\phi 20^{\ 0}_{-0.02}$ 圆柱部分的长度是＿＿＿＿,它的上面有一个键槽,其长度是 　　＿＿＿,位置由尺寸＿＿＿＿确定,宽度和深度由＿＿＿＿图可以看出:宽度是＿＿ 　　＿＿,深度是＿＿＿＿。$\phi 30$ 圆柱的左侧加工有倒角,规格为＿＿＿＿＿,$\phi 30$ 圆柱长＿ 　　＿＿。右端外螺纹与 $\phi 20^{\ 0}_{-0.02}$ 圆柱之间加工有退刀槽,规格为＿＿＿＿＿。 6. 读制动盘零件图,并回答问题。 　　这个零件的名称是＿＿＿＿＿,它的材料是＿＿＿＿＿。表达它的形状画了＿＿＿＿视图 　　和＿＿＿＿视图。主视图是＿＿＿＿＿剖视,剖切面通过了零件的前、后对称平面,左视 　　图和剖视图之间没有其他图形,故省略了标注。零件的左端上方切去了一块,它的尺寸 　　由图中＿＿＿＿＿和＿＿＿＿＿确定。零件的内部有圆柱孔和＿＿＿＿＿,且圆柱孔的直径 　　是＿＿＿＿＿。该零件的外形尺寸是＿＿＿＿＿和＿＿＿＿＿。

续表

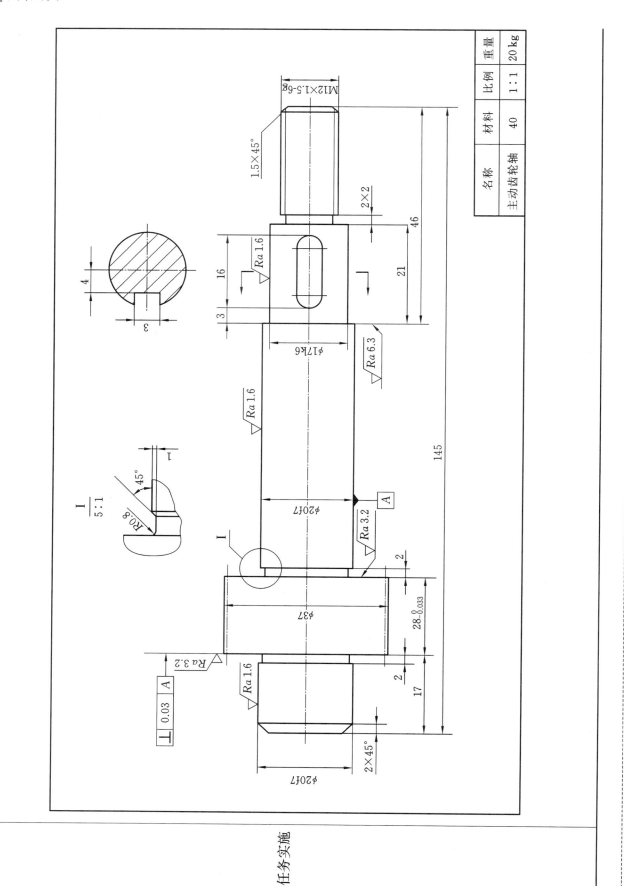

任务实施

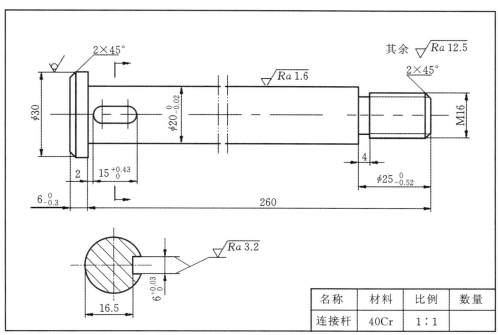

名称	材料	比例	数量
连接杆	40Cr	1:1	

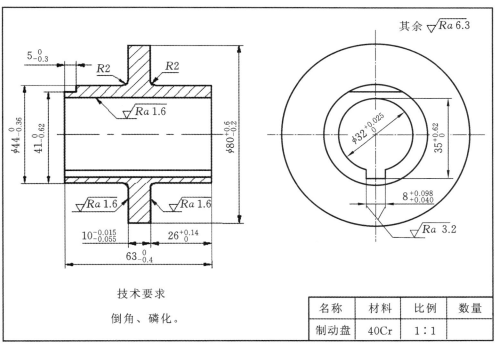

技术要求

倒角、磷化。

名称	材料	比例	数量
制动盘	40Cr	1:1	

成果体现	将结果直接记录在训练册上。
问题与收获	

课后检测

理论知识 检测	1. 画移出断面图时,一般应用剖切符号表示_____位置;用箭头表示_____方向,并注上字母,在移出断面图的上方用相同的字母标注相应的"×—×"。 2. 局部放大图可以画成视图、剖视图或断面图,它与被放大部分的表达方式_____。 3. 移出断面图在(　　)时,必须标箭头。在(　　)时,必须标字母。 (A)不按投影关系配置　　　　　　(B)没有配置在剖切面迹线延长线上 (C)断面不对称　　　　　　　　　(D)任何情况下
读图技能 检测	4. 读螺栓零件图,并回答问题。 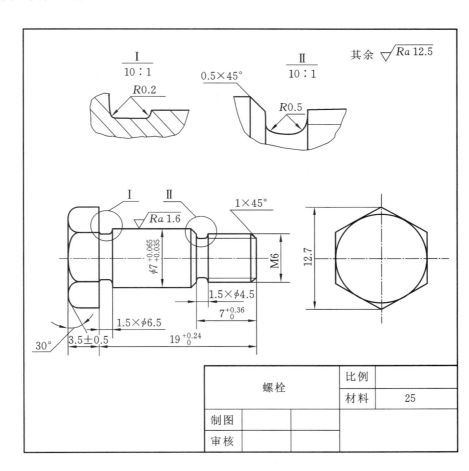 这个零件的名称是_____,它的材料是_____。表达螺栓共用了_____个图形:_____视图、_____视图、两个_____图。画局部放大图是为了表达退刀槽的_____和_____。螺栓的总长是_____,螺纹部分的长度是_____。$\phi 7^{+0.065}_{+0.035}$ 圆柱部分的长度是_____,其右端倒角的主要作用是_____。

评价单

任务	任务 5.3　识读与绘制典型零件断面图			
姓名		日期		
期班		小组		

评价内容		自评（30％）	互评（30％）	教员评（40％）	总分
平时学习 （100 分）	课上回答问题（50％）				
	学习态度（50％）				
小组学习 （100 分）	预习情况、课前测验（50％）				
	任务实施中组内作用发挥（50％）				

	序号	评分内容	分值	自评（30％）	互评（30％）	教员评（40％）	总分
任务 （100 分）	1	能正确使用绘图工具，尤其是三角板的组合使用	5				
	2	表达方案合理	10				
	3	据确定的表达方案，能快速准确绘制模型的视图	20				
	4	视图的选择与配置恰当、投影正确	30				
	5	视图的图线横平竖直、粗细区别明显	10				
	6	图纸上书写的文字字体工整、笔画清楚、排列整齐	15				
	7	图面干净整洁，无污损	10				
	8	任务总分	100				

常用件及标准件图样的识读

◀ 任务 6.1　识读螺纹及螺纹连接图样 ▶

资讯单

教学目标	1. 知道螺纹及紧固件的基本知识、规定画法与标注； 2. 会识读螺纹及紧固件单个及其连接类机械图样； 3. 培养规矩意识、标准意识、质量意识、效率意识，耐心细致、精益求精的工作态度，集体主义观念，以及团结协作精神等。
教学重点	普通螺纹的规定画法及标注。
教学难点	螺栓连接画法的识读。
预习方式	学员根据教员给出的预习引导进行预习并完成课前测验。
课前测验	**填空题**： 1. 螺纹的五要素是指_____、_____、_____、_____、_____。 2. 内螺纹与外螺纹旋合的条件是_____。 3. 螺纹常见的旋合方向是_____。 4. 在螺纹的规定画法中，外螺纹牙顶用_____线绘制，牙底用_____线绘制。 5. 在螺纹的规定画法中，内螺纹牙顶用_____线绘制，牙底用_____线绘制。 6. M10 表示_____螺纹，公称直径是_____。 7. 常用的螺纹紧固件有_____、_____、_____、_____等。写出下列螺纹紧固件的名称。

课前测验	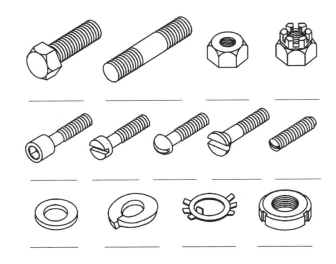 8. 熟悉螺纹紧固件的表达方法,写出名称或连接方式。 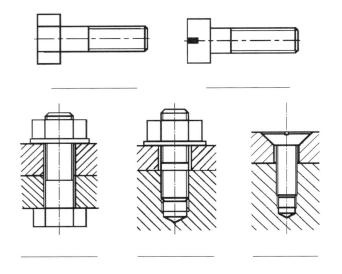
预习引导	可参阅教材项目 6 任务 6.1 中相关内容。

任务单

任务目标	1. 会绘制内、外螺纹及螺纹连接的视图； 2. 会标注普通螺纹。
任务要求	1. 完成训练册上指定的练习题目； 2. 绘制的图样符合国家标准要求,图面整洁、清晰、合理； 3. 能正确使用绘图工具,并做好维护保养； 4. 按时、按要求完成作业并上交。
任务实施	**理论学习** 1. 螺纹的基本知识； 2. 螺纹的规定画法； 3. 螺纹的标注； 4. 螺纹紧固件连接的画法。 **读图、绘图实践** 识绘螺纹视图和标注。 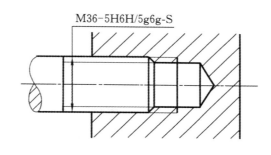 1.按要求绘制外螺纹。 　要求:螺纹长度 100,大径 36,小径 30.6。 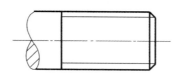 绘制外螺纹

任务实施	2. 按要求绘制内螺纹。
	  要求:螺纹长度 100,大径 36,小径 30.6。
	
	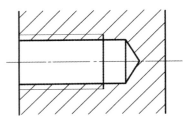
	绘制内螺纹
	
	3. 绘制螺纹连接。
	  要求:旋合长度 80,大径 36,小径 30.6。
	
	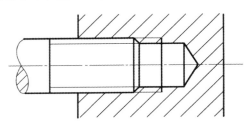
	绘制螺纹连接
	
	4. 标注螺纹连接
	  要求:按照实际尺寸进行标注。
	
	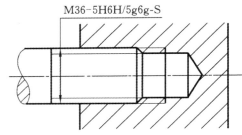
	标注螺纹连接

成果体现	将结果直接记录在图纸上。
问题与收获	

课堂实践图纸

		比例	材料	数量
制图				
审核			期班	

评价单

任务		任务 6.1 识读螺纹及螺纹连接图样				
姓名			日期			
期班			小组			
评价内容		自评(30%)	互评(30%)	教员评(40%)	总分	
平时学习 (100 分)	课上回答问题(50%)					
	学习态度(50%)					
小组学习 (100 分)	预习情况、课前测验(50%)					
	任务实施中组内作用发挥(50%)					
任务 (100 分)	任务完成情况					

任务 6.2　识读齿轮、键、销、弹簧、滚动轴承图样

资讯单

教学目标	1. 知道齿轮、键、销、弹簧、滚动轴承的规定画法； 2. 学会识读齿轮、键、销、弹簧、滚动轴承的装配图样； 3. 培养学员的标准化、规范化意识和空间思维能力。
教学重点	齿轮、键、销、弹簧、滚动轴承在装配图中画法的识读。
预习方式	学员根据教员给出的预习引导进行预习并完成课前测验。
课前测验	**填空题：** 1. 在武器或机器上，_____用来连接轴和轴上的齿轮、皮带轮、手轮等传动零件，以传递_____。写出下列常用件的名称。   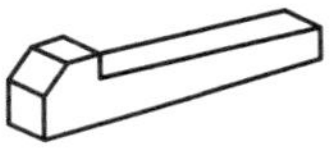 2. 在武器或机器上，常用的销有圆柱销、圆锥销和开口销等。圆柱销和圆锥销可作连接之用或用来_____，开口销常用来防止螺母_____。写出下列销的名称。    3. 齿轮在机器或火炮上是传递动力和运动的传动件，可以完成_____、变向等动作。写出下列圆柱齿轮的名称。    _____圆柱齿轮　　_____圆柱齿轮　　_____圆柱齿轮

课前测验	4. 弹簧的种类有很多,常见的有螺旋弹簧、_____弹簧、_____弹簧和_____弹簧等。根据工作时受力的不同,圆柱螺旋弹簧可分为压缩弹簧、拉伸弹簧和扭转弹簧三种。写出下列弹簧的名称。 _____ _____ _____ _____ _____ _____ 5.滚动轴承是用来支承旋转轴的组件。滚动轴承种类繁多,但其结构大体相同。写出下列滚动轴承的名称。 _____ _____ _____
预习引导	可参阅教材项目 6 任务 6.2 中相关内容。

任务单

任务目标	1. 了解各种常用件的功用； 2. 熟悉常用件的形状结构，能够辨识各种常用件； 3. 掌握常用件的规定画法，会识读常用件的图样。
任务要求	1. 完成训练册上指定的练习题目； 2. 养成严谨细致的工作作风，仔细观察、认真分析； 3. 主动查阅相关资料和有关国家标准； 4. 按时、按要求完成作业并上交。
任务实施	**理论学习** 1. 齿轮； 2. 键和销； 3. 弹簧； 4. 滚动轴承。 **读图、绘图实践** 1. 写出以下齿轮的类型，熟悉齿轮在零件图中的表达方法。  ――――――――― ――――――――― ――――――――― 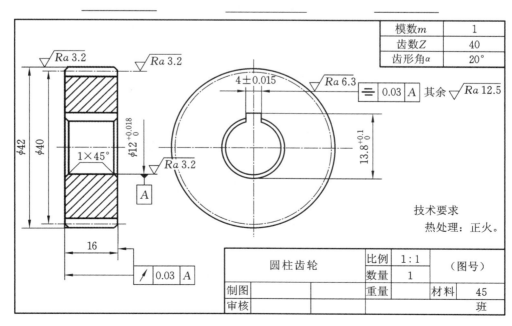

2. 注明下面的键连接方式,并标记出键的工作面。

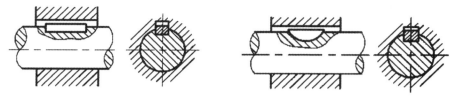

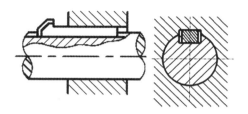

3. 标出联轴器中的键和销。

任务实施

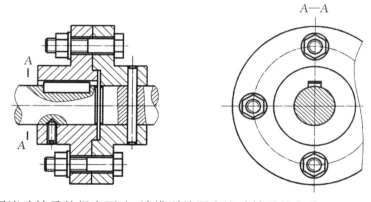

4. 下图是常用滚动轴承的规定画法,请辨别并写出滚动轴承的名称。

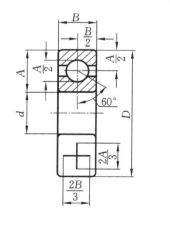

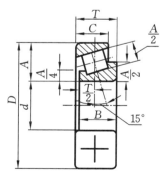

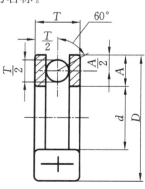

任务实施	5.熟悉弹簧的表达方法,在图中标记出来。 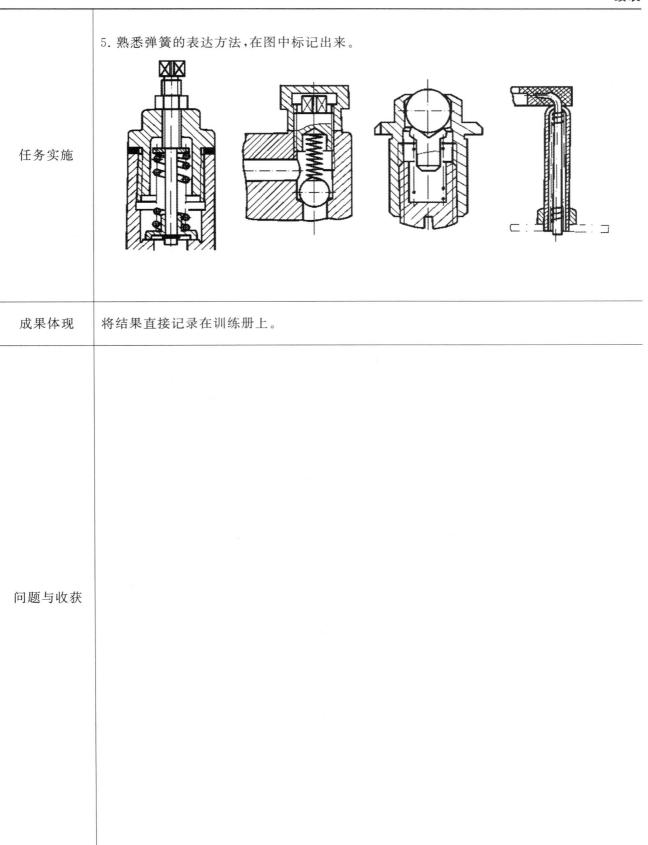
成果体现	将结果直接记录在训练册上。
问题与收获	

课后检测

理论知识 检测	1. 常用机件是指在机械设备和仪器仪表的装配及安装过程中广泛使用的零部件。( ) 2. 螺纹紧固件、键、销、齿轮、弹簧和滚动轴承都属于标准件。( ) 3. 一对齿轮啮合的必要条件是:两齿轮的_____相等,压力角相同。( ) 4. 在武器或机器上,_____用来连接轴和轴上的齿轮、皮带轮、手轮等传动零件,以传递动力。 5. 按承受载荷的方向不同,滚动轴承可分为三类:主要承受径向载荷的称为_____轴承;仅能承受轴向载荷的称为_____轴承;能够同时承受径向载荷和轴向载荷的称为_____轴承。
读图技能 检测	6. 找出下图中的常用件,并在图中标记出来。 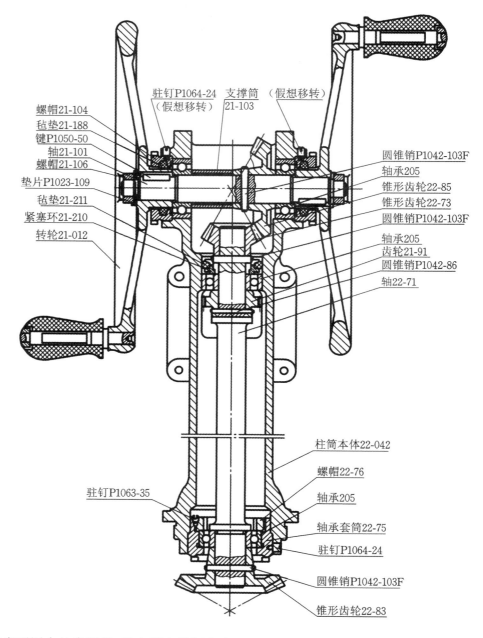 7. 找出下图中的常用件,并在图中标记出来。

续表

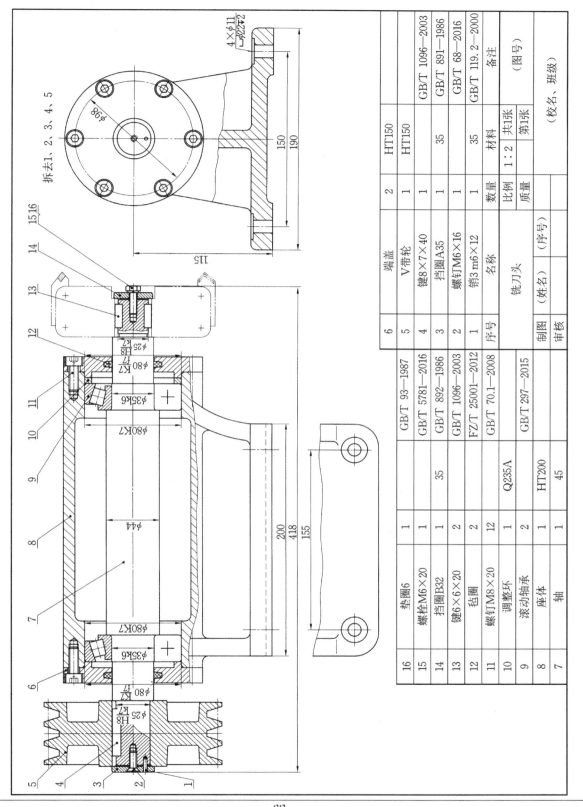

序号	名称	数量	材料	备注
16	垫圈6	1		GB/T 93—1987
15	螺栓M6×20	1		GB/T 5781—2016
14	挡圈B32	1	35	GB/T 892—1986
13	键6×6×20	2		GB/T 1096—2003
12	毡圈	2		FZ/T 25001—2012
11	螺钉M8×20	12		GB/T 70.1—2008
10	调整环	1	Q235A	
9	滚动轴承	2		GB/T 297—2015
8	座体	1	HT200	
7	轴	1	45	

序号	名称	数量	材料	备注(图号)
6	端盖	2	HT150	
5	V带轮	1	HT150	
4	键8×7×40	1	35	GB/T 1096—2003
3	挡圈A35	1		GB/T 891—1986
2	螺钉M6×16	1		GB/T 68—2016
1	销3 m6×12	1	35	GB/T 119.2—2000

铣刀头				
制图	(姓名)	比例	1:2	共1张
审核		质量		第1张
			(校名、班级)	

读图技能检测

评价单

任务		任务 6.2　识读齿轮、键、销、弹簧、滚动轴承图样				
姓名			日期			
期班			小组			
评价内容			自评(30%)	互评(30%)	教员评(40%)	总分
平时学习 (100分)	课上回答问题(50%)					
	学习态度(50%)					
小组学习 (100分)	预习情况、课前测验(50%)					
	任务实施中组内作用发挥(50%)					
任务 (100分)	任务完成情况					

机械零件图的识读

◀ 任务 7.1 认识零件图 ▶

资讯单

教学目标	1. 知道零件图的作用及内容,理解其视图选择原则; 2. 知道零件上常见结构的画法,能看懂尺寸标注; 3. 能解决零件图视图和尺寸的识读问题。
教学重点	零件图中尺寸标注的识读。
教学难点	尺寸标注的合理性。
预习方式	学员根据教员给出的预习引导进行预习并完成课前测验。
课前测验	**填空题:** 1. _____是机械制造的最小单元。 2. 看零件图的目的是:根据视图想象出零件的_____,看清尺寸和_____,以便按图纸进行加工。 3. 零件图的内容包括_____、_____、_____、_____四个方面。 4. 绘制零件图样时,将零件按_____位置、_____位置摆放,然后选择最能反映零件形状和机构特征的方向作为主视图的投影方向。轴套类零件和盘盖类零件通常在绘图时按_____位置摆放,支架箱体类零件和叉杆类零件通常按_____位置摆放。 5. 尺寸基准是标注和度量尺寸的起点。尺寸基准一般分为_____和_____。每个零件都有_____、_____、_____三个方向,因此每个方向至少应该有_____个尺寸基准。 6. 具有回转轴的轴类零件和盘盖类零件一般有_____和_____基准。 7. 零件上常被作为尺寸基准的要素有:回转轴的_____,主要装配面和支承面,重要加工面,底面和端面,以及_____。
预习引导	可参阅教材项目 7 任务 7.1 中相关内容。

任务单

任务目标	1. 会识读零件图视图和尺寸； 2. 能够读懂各类零件图并回答问题。
任务要求	1. 完成训练册上指定的练习题目； 2. 能够正确运用识读零件图的方法； 3. 养成严谨细致的工作作风,仔细观察、认真分析； 4. 主动查阅相关资料和有关国家标准； 5. 按时、按要求完成作业并上交。
任务实施	**理论学习** 1. 零件图的作用和内容； 2. 零件图的视图选择； 3. 零件上常见结构的画法； 4. 零件图尺寸标注。 **读零件图实践** 1. 识读主动齿轮轴零件图,并回答问题。 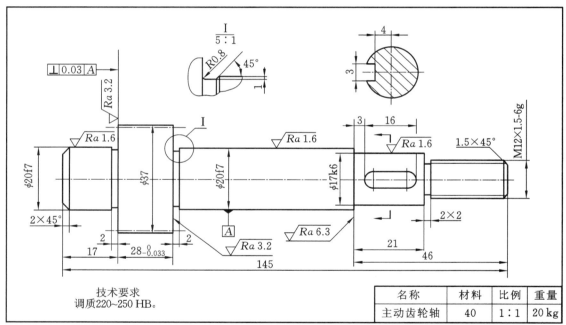 技术要求 调质220~250 HB。 (1)由主动齿轮轴零件图可以看出,一张完整的零件图包含四个方面的内容：_____、 _____、_____、_____。 (2)在绘制该主动齿轮轴零件图时,该主动齿轮轴按_____位置摆放。 (3)该主动齿轮轴是典型的轴类零件,由几段粗细不等的_____组成。 (4)该主动齿轮轴有哪些常见的结构？_____、_____、_____、_____、_____。 (5)轴上常见结构的作用分别是:倒角,_____； 　　　　　　砂轮越程槽,_____； 　　　　　　键槽,_____；

零件图表格内容：

名称	材料	比例	重量
主动齿轮轴	40	1:1	20 kg

退刀槽，_____；

螺纹，_____。

(6)该主动齿轮轴的径向尺寸基准是_____。

(7)该主动齿轮轴键槽的长、宽、高分别是_____、_____、_____，键槽的定位
尺寸是_____。

(8)M12×1.5-6g 表示_____螺纹,公称直径是_____,1.5 表示_____,6g
表示_____。

2. 识读交换齿轮轴零件图,并回答问题。

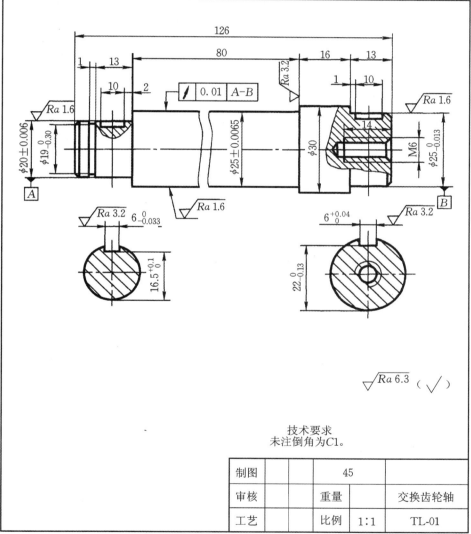

技术要求
未注倒角为C1。

制图		45	
审核		重量	交换齿轮轴
工艺		比例	1:1	TL-01

(1)该零件的名称是_____,材料是_____,比例是_____。

(2)该零件共用了_____个图形来表达。主视图中共有_____处做了_____剖,并采用
了_____画法;另外两个图形的名称是_____。

103

（3）在轴的右端有一个 _____ 孔，其大径是 _____ ，螺纹深度是 _____ 。

（4）在轴的左端有一个键槽，其长度是 _____ ，宽度是 _____ ，深度是 _____ ，定位尺寸是 _____ 。

（5）轴的径向尺寸基准是 _____ 。

3. 识读主轴零件图，并回答问题。

任务实施

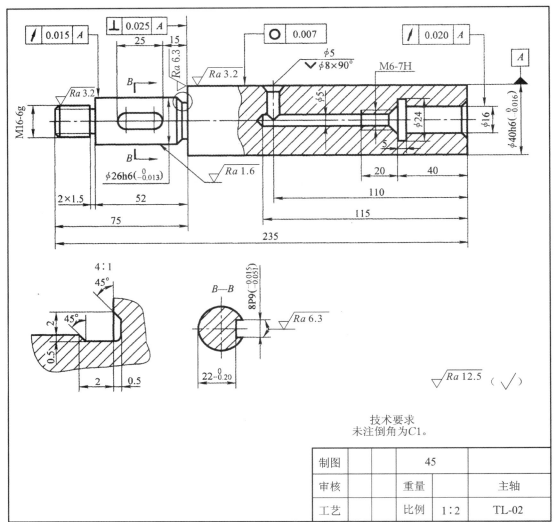

技术要求
未注倒角为C1。

制图		45		
审核		重量		主轴
工艺		比例	1:2	TL-02

（1）该零件的名称是 _____ ，属于 _____ 类零件，该图采用的比例为 _____ ，属于 _____ 比例。

（2）该零件共用了 _____ 个图形进行表达。其中，主视图采用了 _____ ，B—B 为 _____ ，另一个图形为 _____ 。

（3）主轴上键槽的长度是 _____ ，宽度是 _____ ，深度是 _____ ，定位尺寸是 _____ 。

（4）图中 2×1.5 表示的结构是 _____ ，其宽度为 _____ ，深度为 _____ 。

（5）M16-6g 的含义为：M 表示 _____ ，16 表示 _____ ，螺距为 _____ ，6g 表示 _____ 。

4.识读阀芯零件图,并回答问题。

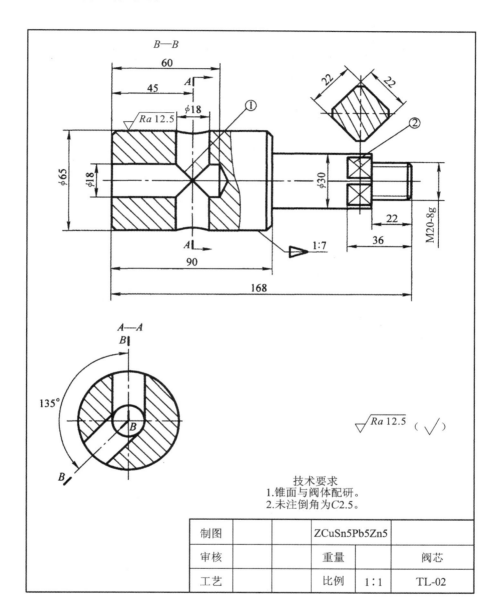

技术要求
1.锥面与阀体配研。
2.未注倒角为C2.5。

制图		ZCuSn5Pb5Zn5		
审核		重量		阀芯
工艺		比例	1:1	TL-02

任务实施

(1)阀芯的主视图中作了一个_____,表达_____。

(2)A—A 断面图主要表达_____。另一个移出断面图主要表达_____形状。

(3)图中的符号▷1∶7 表示_____,M20-8g 表示_____。

(4)图中有____处倒角,倒角尺寸为_____。

(5)图中①所指的交叉粗实线为_____,②所指的交叉细实线为_____。

(6)图中 168 属于_____尺寸,ϕ18 属于_____尺寸,45 属于_____尺寸,135°属于_____尺寸。

任务实施	5.识读偏心轴零件图,并回答问题。 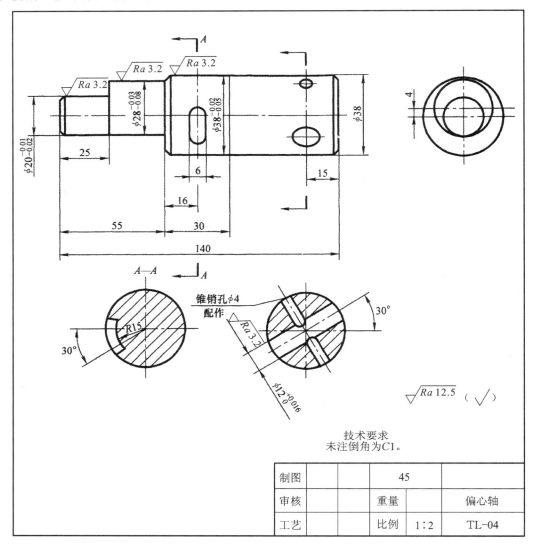 技术要求 未注倒角为C1。 (1)偏心轴零件图中四个图形的名称分别是_____、_____、_____、_____。 (2)偏心轴零件图采用的比例是_____,说明实物是图形的_____倍。 (3)组成偏心轴的基本形体是_____个_____体。 (4)图中 $\phi 12^{+0.016}_{0}$ 孔的定位尺寸是_____。 (5) $\phi 28^{-0.03}_{-0.08}$ 圆柱体与主轴线的偏心距是_____。
成果体现	将结果直接记录在训练册上。
问题与 收获	

评价单

任务		任务 7.1 认识零件图			
姓名			日期		
期班			小组		
评价内容		自评(30%)	互评(30%)	教员评(40%)	总分
平时学习 (100 分)	课上问答问题(50%)				
	学习态度(50%)				
小组学习 (100 分)	预习情况、课前测验(50%)				
	任务实施中组内作用发挥(50%)				
任务 (100 分)	任务完成情况				

任务7.2 识读零件图的技术要求

资讯单

教学目标	1. 会识读零件图上的极限尺寸； 2. 会识读零件图上的表面粗糙度； 3. 会识读各类型零件的图样； 4. 通过读图训练使学员树立标准化、规范化意识。
教学重点	零件图中技术要求的识读。
教学难点	零件图中几何公差的识读。
预习方式	学员根据教员给出的预习引导进行预习并完成课前测验。
课前测验	**填空题：** 1. 看零件图的目的是：根据视图想象出零件的_____，看清尺寸和_____，以便按图纸进行加工。 2. 零件在设计时所给定的理想尺寸，称为_____尺寸。零件加工后实际测量所得的尺寸，称为_____尺寸。允许零件实际尺寸变动的两个界限值，称为_____尺寸。 3. 上、下极限偏差，统称为_____偏差。 4. 允许尺寸的变动量，称为_____，简称_____。 5. 标准公差用符号IT表示，其等级用阿拉伯数字表示，共_____级，即IT01,IT0,IT1,…,IT18,数字越大，公差越大，尺寸精度越_____。 6. 表面粗糙度是评定零件表面质量的重要指标，它对零件的_____、_____、疲劳强度、零件之间的_____及使用寿命等均有影响。
预习引导	可参阅教材项目7任务7.2中相关内容。

任务单

任务目标	1. 会识读零件图的技术要求; 2. 理解技术要求的作用和意义。
任务要求	1. 完成训练册上指定的练习题目; 2. 能够正确运用识读零件图的方法; 3. 养成严谨细致的工作作风,仔细观察、认真分析; 4. 主动查阅相关资料和有关国家标准; 5. 按时、按要求完成作业并上交。
任务实施	**理论学习** 1. 零件图技术要求的内容; 2. 极限与配合; 3. 几何公差; 4. 表面结构。 **读零件图实践** 1. 识读主动齿轮轴零件图,并回答问题。 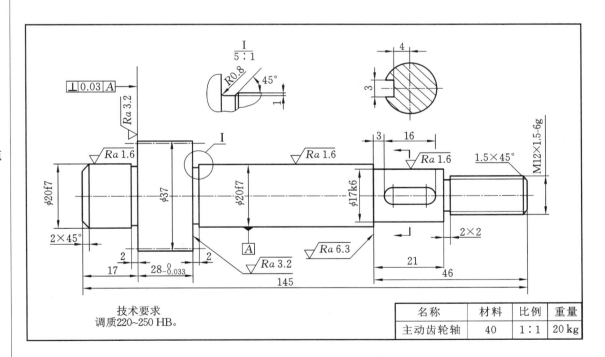

名称	材料	比例	重量
主动齿轮轴	40	1:1	20 kg

(1)$28_{-0.033}^{0}$表示 $\phi37$ 圆柱的_____有尺寸精度要求,最大可加工为_____,最小可加工为_____。
(2)$\phi20f7$ 的公称尺寸是_____,公差代号是_____,基本偏差代号是_____,标准公差等级是_____。查表可知,$\phi20f7$ 的上极限偏差是_____,下极限偏差是_____,公差是_____,其合格范围是_____。|

（3）查表可知，$\phi17k6$ 的上极限偏差是 _____，下极限偏差是 _____，其合格范围是 _____。

（4）图中标注的表面粗糙度 Ra 值，最大是 _____，最小是 _____，单位是 _____。该零件上最光滑表面的表面粗糙度 Ra 值为 _____，具体代号为 _____。

2．识读主轴零件图，并回答问题。

任务实施

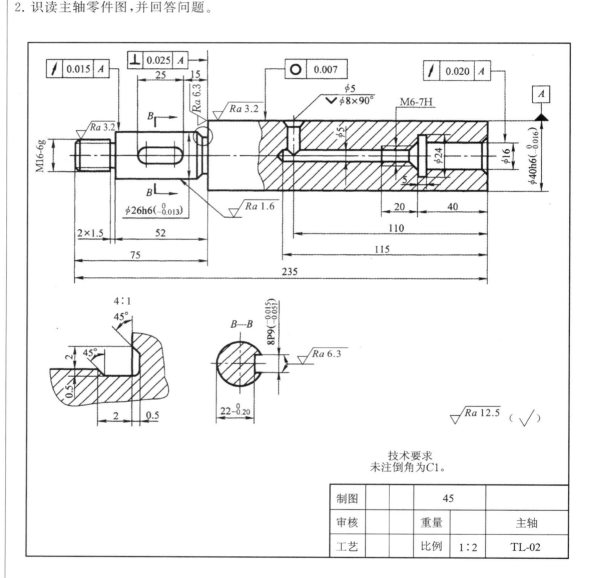

（1）$\boxed{/\ |\ 0.015\ |\ A}$ 的项目符号是 _____，被测要素是 _____，基准要素是 _____。

（2）$\boxed{\perp\ |\ 0.025\ |\ A}$ 的含义是 _____。

（3）$\boxed{O\ |\ 0.007}$ 的含义是 _____。

（4）$\boxed{/\ |\ 0.020\ |\ A}$ 的含义是 _____。

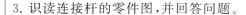

任务实施

3. 识读连接杆的零件图,并回答问题。

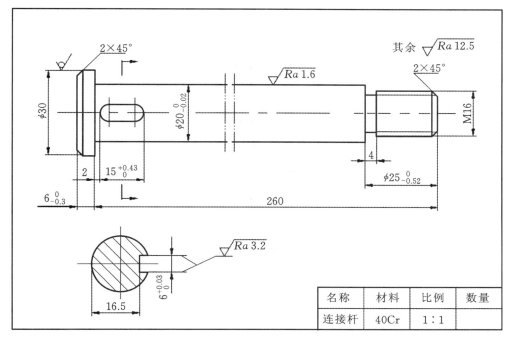

名称	材料	比例	数量
连接杆	40Cr	1:1	

(1)图中哪些表面对粗糙度有要求?

(2)这些表面是平面还是曲面?

(3)表面粗糙度 Ra 值具体为多少?

4. 读齿轮零件图,并回答问题。
  (1)这个零件的名称是_____,材料是_____。
  (2)该零件的模数是_____,齿数是_____,齿形角是_____。
  (3)表达该零件使用了_____个图形,分别是_____视图和_____视图。主视图采用了_____剖视图,剖切面通过零件的_____对称平面。
  (4)该零件的外形是_____,外圆柱面上加工了_____;中间轮毂内有_____和____,其作用是_____;为减轻齿轮自重,齿轮辐板上有_____个直径为_____的通孔,它们的位置由_____确定。
  (5)齿轮的齿顶圆直径加工成 $\phi199.925$,这个尺寸是否合格?_____
5.识读自动击发卡笋的零件图,并回答问题。

任务实施

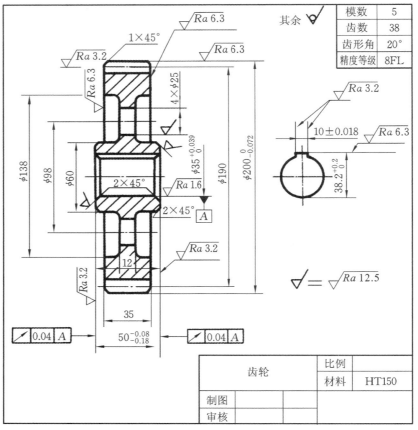

齿轮	比例	
	材料	HT150
制图		
审核		

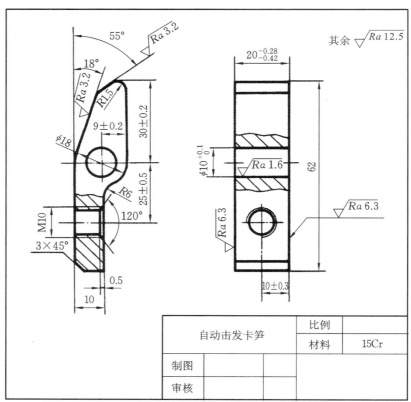

自动击发卡笋	比例	
	材料	15Cr
制图		
审核		

(1)表达自动击发卡笋用了_____视图，_____视图,它们都画成了_____剖视图。

(2)该零件的总长、总宽和总高尺寸分别为_____、_____、_____(按照图示位置作答)。

(3)圆柱孔 $\phi 10^{+0.1}_{0}$ 的上极限尺寸是_____,下极限尺寸是_____,公差是_____,它的表面粗糙度代号是_____,Ra 值是_____ μm。

(4)视图中没有标注表面粗糙度代号的表面按照_____加工,Ra 的最大允许值是_____ μm。

(5)M10 表示_____螺纹,公称直径是_____,右旋。

6. 识读卡锁零件图,并回答问题。

任务实施

其余 $\sqrt{Ra\,12.5}$

卡锁		比例	
		材料	40
制图			
审核			

(1)表达卡锁用了_____视图、_____视图。主视图采用_____剖视图表达了螺纹孔的深度。

(2)零件的右端是一个直径为_____、长为_____的圆柱体,上面加工有一个_____孔。圆柱 $\phi 16^{-0.06}_{-0.18}$ 的上极限尺寸是_____,下极限尺寸是_____,公差是_____。该圆柱的表面粗糙度代号是_____,Ra 值是_____ μm。

(3)零件的左边是一个四方形结构,下方有一个方形槽,槽宽_____、槽深_____。

(4) $\sqrt{}$ 表示相应表面通过_____的加工方法获得,对 Ra 的值没有要求。

(5)M8 表示_____螺纹,公称直径是_____,右旋。螺纹的深度是_____,钻孔的深度是_____。

成果体现	将结果直接记录在训练册上。
问题与 收获	

课后检测

理论知识 检测	1. 在零件图中,除视图和尺寸外,还应标出保证零件_____的技术要求。 2. 互换性被广泛应用于军事装备中,它对武器装备的_____、提高质量、降低造价、提高_____状态下的性能均非常必要。 3. 根据使用要求的不同,配合有松有紧,具体可分为_____配合、_____配合和_____配合三种不同的形式。 4. 当零件公称尺寸确定之后,如果孔和轴两者的基本偏差都可任意变动,则情况变化极多,给加工带来困难。因此,规定了____制和____制两种基准制。 5. 零件的表面粗糙度要求越高,加工越_____,零件的成本也就_____,所以要依据使用要求和加工条件合理选用表面粗糙度轮廓参数值。 6. 去除材料的加工方法包括:_____。 7. 不去除材料的加工方法包括:_____。
读图技能 检测	8. 读 V 带轮零件图,并回答问题。 　(1)图样中共有_____个图形,主视图采用的表达方法是_____图,还采用了一个_____图。 　(2)该零件的外形是_____;外圆柱面上有_____结构,其作用是_____。 　(3)带轮轴孔的上极限尺寸是_____,下极限尺寸是_____;键槽宽度的上极限尺寸是_____,下极限尺寸是_____。 　(4)图中 $\phi56$、$\phi110$ 为_____尺寸,10、16.5 为_____尺寸,$\phi147$、53 为_____尺寸。 　(5)V 带轮毛坯的制造方法是_____,该方法的工艺圆角一般选择_____。 9. 读传动齿轮轴零件图,并回答问题。 　(1)绘图的比例是_____,该比例称为_____。 　(2)图样由_____个图形组成,分别为_____视图和_____断面图。其中,断面图主要表达_____的结构。 　(3)该零件的总长为_____,最大直径为_____。 　(4)该零件的径向尺寸基准为_____。 　(5)键槽侧面的表面粗糙度 Ra 值为_____;该零件上最光滑表面的表面粗糙度 Ra 值为_____,具体代号为_____。 　(6)尺寸 10 为_____尺寸,1 为_____尺寸,112 为_____尺寸。 　(7)M12 表示_____。 　(8)尺寸 $\phi14$ 的上极限尺寸为_____,下极限尺寸为_____,它与上极限偏差为零的孔配合时构成_____配合。 　(9)该零件的热处理要求为_____。

续表

读图技能检测	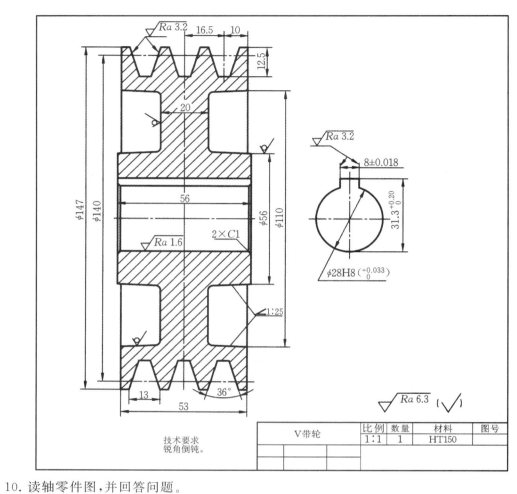

技术要求
锐角倒钝。

V带轮	比例	数量	材料	图号
	1:1	1	HT150	

10. 读轴零件图,并回答问题。

(1)零件的名称是_____,材料是_____。

(2)绘图的比例是_____。图大还是实物大?_____。

(3)主视图中采用了_____剖和_____画法;两个移出断面图分别表示单键和双键的_____和_____;局部放大图Ⅱ表示_____的结构。

(4)该零件的总长为_____,最大直径为_____。

(5)该零件的径向尺寸基准为_____。

(6)键槽侧面的表面粗糙度 Ra 值为_____,该零件中最光滑表面的表面粗糙度 Ra 值为_____。

(7)局部放大图Ⅰ中的尺寸 10 为____尺寸。55 为____尺寸,400 为____尺寸。

(8)M6 表示_____。

(9)尺寸 $\phi25k7$ 的上极限尺寸为_____,下极限尺寸为_____,它与上极限偏差为零的孔配合时构成_____配合。

续表

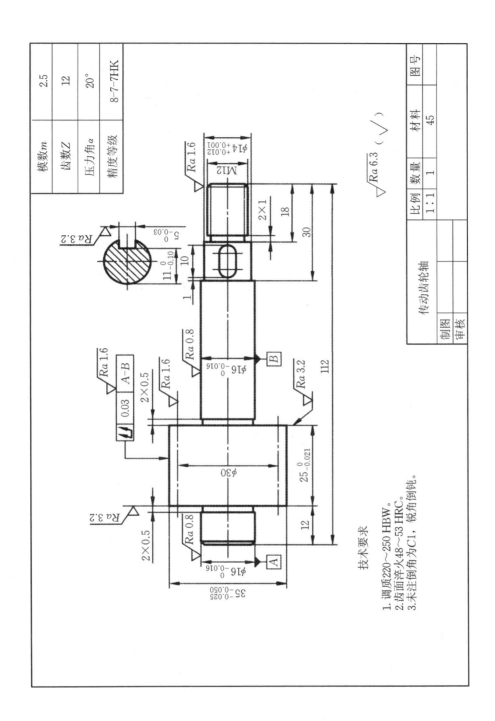

模数m	2.5
齿数Z	12
压力角α	20°
精度等级	8-7-7HK

比例	数量	图号
1:1	1	材料 45

传动齿轮轴

制图
审核

√Ra 6.3 （√）

技术要求
1. 调质220～250 HBW。
2. 齿面淬火48～53 HRC。
3. 未注倒角为C1，锐角倒钝。

读图技能检测

续表

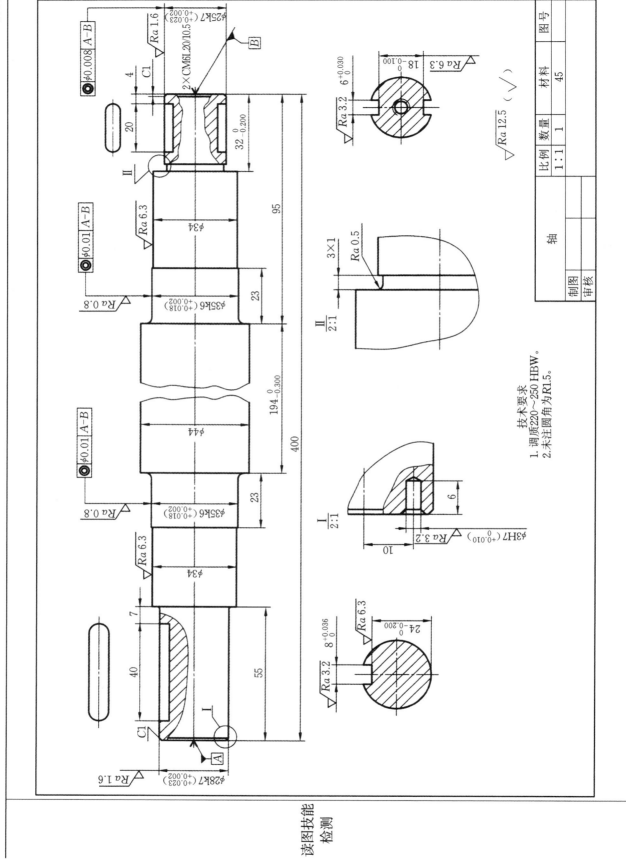

轴	制图		材料	45	图号	
	审核		数量	1		
			比例	1:1		

技术要求
1. 调质220~250 HBW。
2. 未注圆角为R1.5。

读图技能
检测

评价单

任务		任务 7.2 识读零件图的技术要求				
姓名			日期			
期班			小组			
评价内容			自评(30%)	互评(30%)	教员评(40%)	总分
平时学习 (100 分)	课上回答问题(50%)					
	学习态度(50%)					
小组学习 (100 分)	预习情况、课前测验(50%)					
	任务实施中组内作用发挥(50%)					
任务 (100 分)	任务完成情况					

◀ 任务 7.3 识读零件图训练 ▶

任务单

任务目标	1. 按照识读零件图的方法与步骤读图； 2. 会识读零件图中的视图和技术要求。
任务要求	1. 完成训练册上指定的练习题目； 2. 绘制的图样符合国家标准要求，图面整洁、清晰、合理； 3. 能正确使用绘图工具，并做好维护保养； 4. 按时、按要求完成作业并上交。
任务实施	**理论学习** 1. 看零件图的方法与步骤。 　(1)看标题栏； 　(2)分析图形； 　(3)分析尺寸和技术要求； 　(4)总结提高。 2. 看零件图实践。 **读图实践** 1. 读花键套零件图，并回答问题。 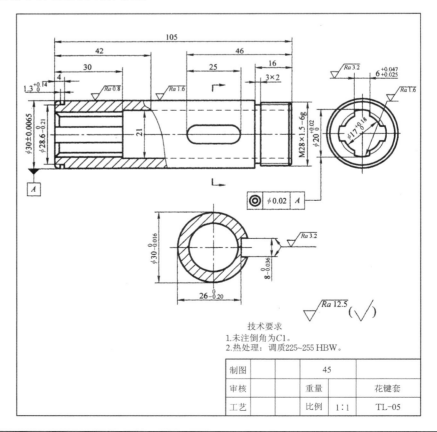

（1）该零件的名称是_____，材料是_____，比例是_____。

（2）该零件共用了_____个图形来表达。其中，主视图采用了_____，右边的图形名称是_____，下边的图形名称是_____。

（3）花键套上有一个键槽，其长度是_____，宽度是_____，深度是_____，定位尺寸是_____，键的两侧面的表面粗糙度要求是_____。

（4）花键套上的花键一共有_____齿，大径尺寸是_____，小径尺寸是_____，键宽尺寸是_____，键长尺寸是_____，齿底的表面粗糙度要求是_____，齿侧的表面粗糙度要求是_____。

（5）尺寸 3×2 表示的结构是_____，其宽度是_____，深度是_____。

（6）尺寸 M28×1.5-6g 中，M 表示_____，28 是_____尺寸，1.5 是_____尺寸，6g 是_____。

（7）图中框格 ◎ φ0.02 A 表示被测要素是_____，基准要素是_____，位置公差项目是_____，公差值是_____。

（8）主视图左上方尺寸 42 表示_____。

（9）花键套的其他技术要求还有_____。

2. 读法兰盘零件图，并回答问题。

任务实施

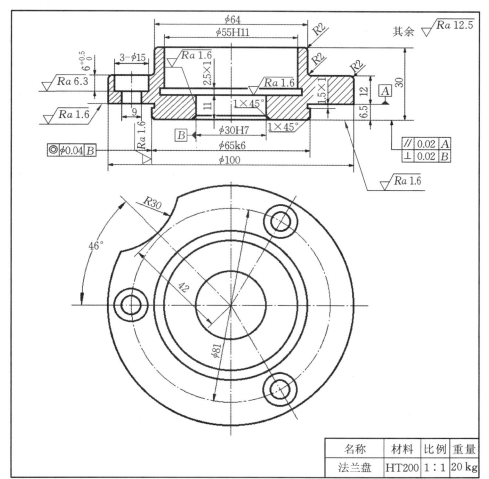

名称	材料	比例	重量
法兰盘	HT200	1∶1	20 kg

(1)法兰盘零件图共采用了_____个视图。其中,主视图采用的表达方法为_____。

(2)俯视图中的 R30 缺口的定位尺寸是_____,_____。

(3)φ55H11 孔深是_____。

(4)退刀槽 2.5×1 的直径是_____。

(5)φ65k6 端面对 φ100 端面的平行度公差为_____;φ64 端面的粗糙度为_____。

3. 读拨叉零件图,并回答问题。

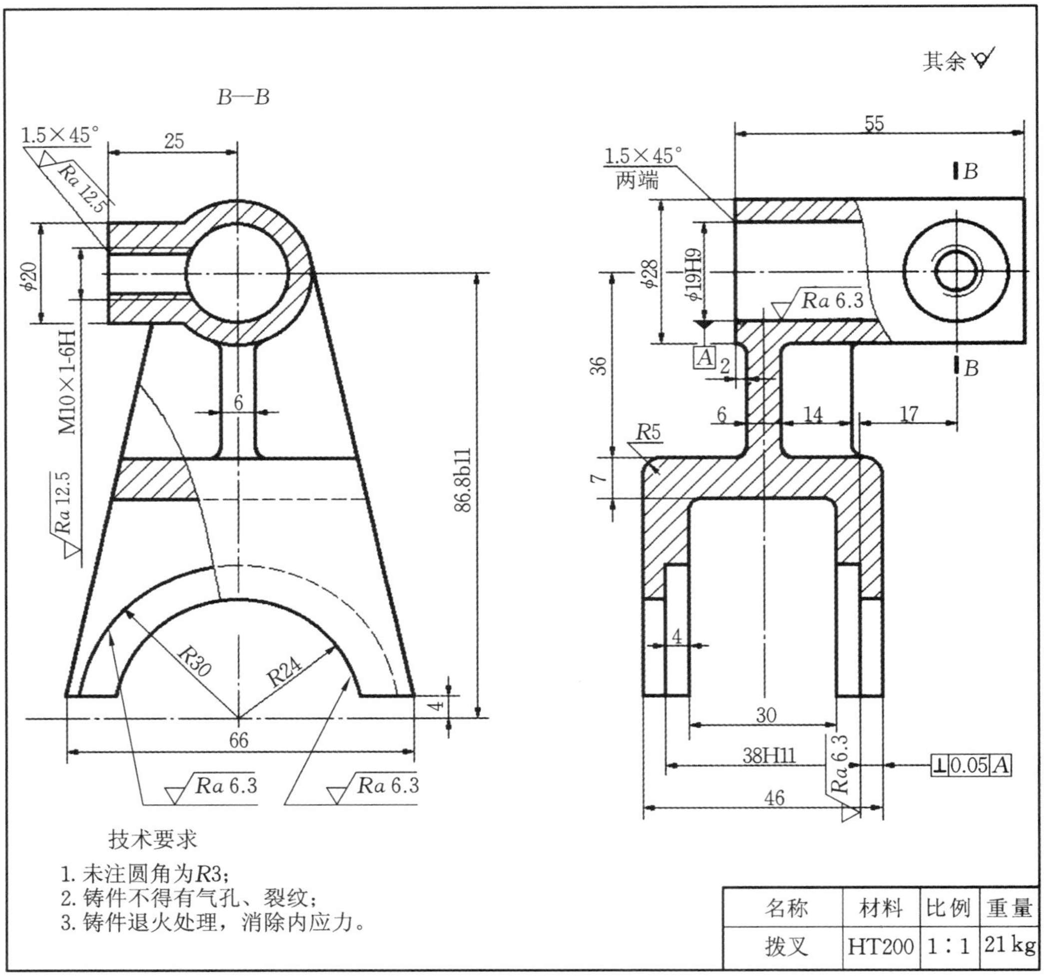

任务实施

其余 ∀

B—B

1.5×45°
25
Ra 12.5
φ20
M10×1-6H
6
Ra 12.5
86.8b11
R30 R24
66
Ra 6.3 Ra 6.3

技术要求
1. 未注圆角为 R3;
2. 铸件不得有气孔、裂纹;
3. 铸件退火处理,消除内应力。

1.5×45°
两端
φ28
φ19H9
Ra 6.3
A 2
36
7 R5
6 14 17
4
30
38H11
46
Ra 6.3
⊥ 0.05 A
55
B
B

名称	材料	比例	重量
拨叉	HT200	1:1	21 kg

(1)86.8b11 表示公称尺寸是_____,公差代号是_____,公差等级是_____,基本偏差是_____。

(2)M10×1-6H 是_____螺纹,螺距是_____mm,公差代号为_____。

(3)M10×1-6H 螺纹表面的粗糙度代号是否允许采用图中所示的标注?_____(①,允许;②,不允许)。

(4)拨叉表面粗糙度最高要求为_____。

(5)拨叉怎么样才能消除内应力?_____。

4. 读四通管零件图,并回答问题。

续表

任务实施	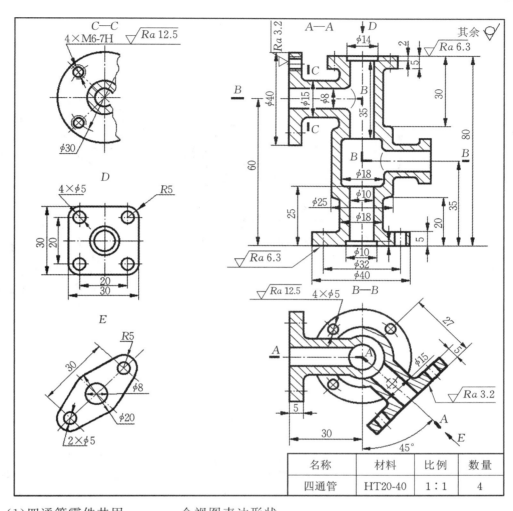

（1）四通管零件共用_____个视图表达形状。

（2）A—A 为_____剖视图,用_____剖切方法,主要表达零件的_____形状。

（3）零件上共有_____个螺纹孔,尺寸为_____。

（4）零件高度方向的尺寸基准为_____,宽度和长度方向的尺寸基准分别为_____。

（5）$\phi 8$ 孔的定位尺寸为_____和_____。

5. 读减速箱体零件图,并回答问题。

（1）主视图和左视图分别采用了_____剖视和_____剖视,主要表达零件的_____结构形状。

（2）A 向、B 向、C 向视图分别表达零件的_____、_____和_____的形状。

（3）零件图中共有_____个螺纹孔。

（4）零件的高度方向尺寸基准为_____,长度方向尺寸基准为_____,宽度方向尺寸基准为_____。

（5）蜗轮和蜗杆两孔轴线之间的距离为_____。

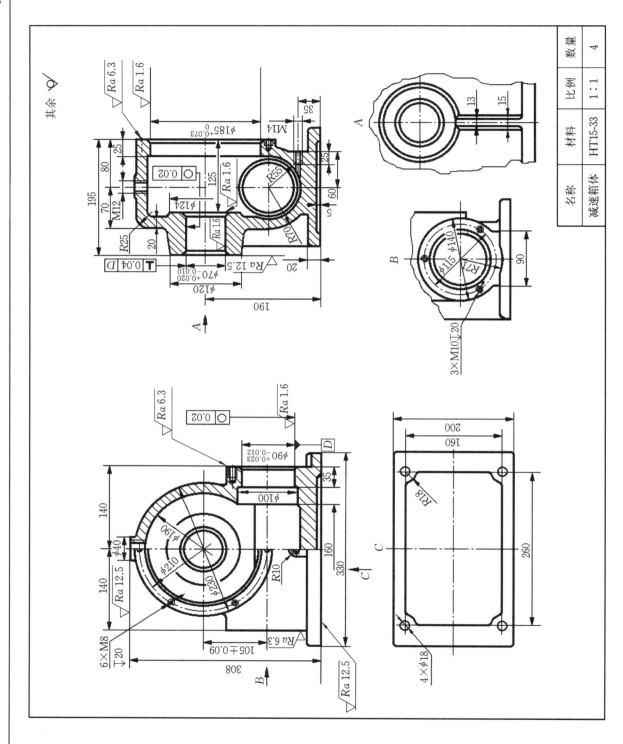

续表

任务实施

名称	减速箱体	材料	HT15-33	比例	1:1	数量	4

其余 ▽

成果体现	将结果直接记录在训练册上
问题与收获	

评价单

任务	任务 7.3 识读零件图训练			
姓名		日期		
期班		小组		
评价内容		自评(30％)	互评(30％)	教员评(40％)	总分
平时学习 (100 分)	课上回答问题(50％)				
	学习态度(50％)				
小组学习 (100 分)	预习情况、课前测验(50％)				
	任务实施中组内作用发挥(50％)				
任务 (100 分)	任务完成情况				

机械装配图的识读

◀ 任务 8.1　认识装配图 ▶

资讯单

教学目标	1. 能说出装配图的作用和内容； 2. 会识读装配图的表达方法； 3. 会识读装配图的尺寸标注； 4. 培养装配图样的识读能力，指导装备维修实践。
教学重点	装配图的规定画法。
教学难点	装配图的表达方法及尺寸标注识读。
预习方式	学员根据教员给出的预习引导进行预习并完成课前测验。
课前测验	填空题： 1. 装配图是表示机器或_____的图样，它是反映设计思想、进行技术交流的工具。和零件图相比，装配图除了具有图形、尺寸、技术要求和标题栏外，还有零件_____和_____等内容。 2. 装配图上的规定画法如下。①两零件的接触面或配合面只画_____条线，非接触面或非配合面要画_____条线。②相邻金属零件的剖面线，倾斜方向应相反或方向相同而间隔_____。在各个剖视图上，同一零件剖面线的倾斜方向和间隔要_____。③对于标准件（螺栓、螺母、垫圈、键和销等）和实心零件（轴、连杆、球、钩子等），按纵向剖切，且剖切平面通过其轴线或对称平面时，这些零件均按_____绘制。 3. 装配图中的特殊画法有拆卸画法、_____画法、展开画法、简化画法、_____画法以及单个零件单独画法等。 4. 在装配图中，一般需要标注以下几种尺寸：规格尺寸、_____尺寸、_____尺寸、外形尺寸以及其他重要尺寸。
预习引导	可参阅教材项目 8 任务 8.1 中相关内容。

任务目标	1. 初步熟悉装配图内容,并回答问题; 2. 能够读懂装配图的表达方法; 3. 能够读懂装配图的尺寸标注。
任务要求	1. 完成训练册上指定的练习题目; 2. 养成严谨细致的工作作风,仔细观察、认真分析; 3. 主动查阅相关资料和有关国家标准; 4. 按时、按要求完成作业并上交。

任务实施	**理论学习**
	1. 装配图的作用及内容;
	2. 装配图的表达方法;
	3. 装配图的尺寸标注和技术要求。
	
	读图实践
	1. 识读齿轮泵装配图,回答问题。
	  (1) 该齿轮泵由_____种共_____个零件组成。其中,有_____种共_____个标准件,标准件的名称和规格分别是_____。
	  (2) 表达该齿轮泵用了_____视图、_____视图两个视图。主视图画成_____剖,反映了组成齿轮泵各零件间的装配关系;左视图是采用沿_____与_____结合面剖切的_____剖视,它反映了外形、齿轮的啮合情况和吸压油的工作原理;再用_____剖反映进出油口的情况。
	  (3) 装配图中,$\phi16H7/h6$ 是_____尺寸,65 是_____尺寸,尺寸 70、$2\times\phi6.6$ 是_____尺寸,尺寸 30 ± 0.0165 是_____尺寸,尺寸 120、85、95 是_____尺寸。
	  (4) 尺寸 $\phi16H7/h6$ 中,$\phi16$ 是_____,H7 是_____,h6 是_____,它们属于基_____制的_____配合。
	  (5) 垫片(件 6)的材料是_____,密封圈(件 8)的材料是_____,它们起_____作用。
	  (6) G 3/8 是规格尺寸,表示_____,3/8 表示_____。
	  (7) 泵盖与泵体使用销(件 5)定位,采用_____(件_____)连接。

续表

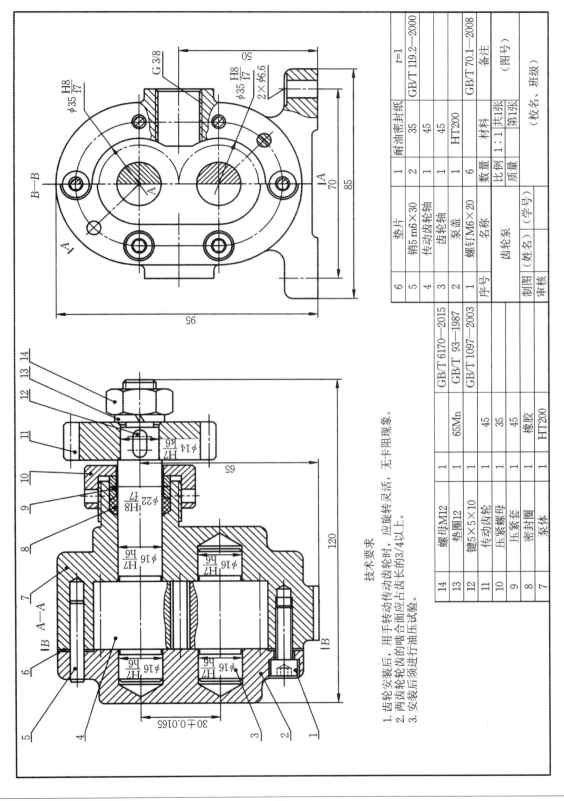

任务实施

技术要求

1. 齿轮安装后，用手转动传动齿轮时，应旋转灵活，无卡阻现象。
2. 两齿轮齿面的啮合面应占齿长的3/4以上。
3. 安装后须进行油压试验。

6	垫片	1	耐油密封纸			t=1
5	销5 m6×30	2	35			GB/T 119.2—2000
4	传动齿轮轴	1	45			
3	泵盖	1	45			
2	螺钉M6×20	6	HT200			GB/T 70.1—2008
序号	名称	数量	材料			备注

14	螺母M12	1		GB/T 6170—2015
13	垫圈12	1	65Mn	GB/T 93—1987
12	键5×5×10	1	45	GB/T 1097—2003
11	传动齿轮	1	45	
10	压紧螺母	1	35	
9	压紧套	1	45	
8	密封圈	1	橡胶	
7	泵体	1	HT200	

齿轮泵

2. 识读轴承装配图，回答问题。

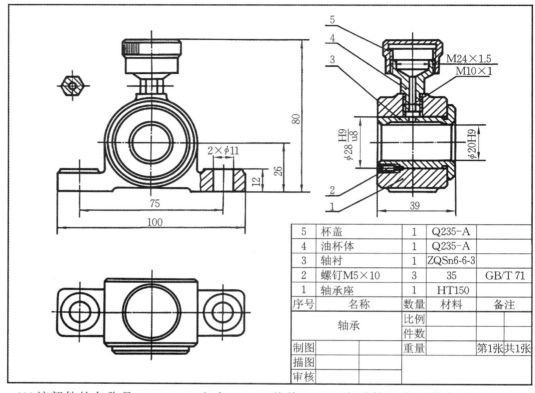

5	杯盖	1	Q235-A	
4	油杯体	1	Q235-A	
3	轴衬	1	ZQSn6-6-3	
2	螺钉M5×10	3	35	GB/T 71
1	轴承座	1	HT150	
序号	名称	数量	材料	备注
轴承		比例		
		件数		
制图		重量		第1张共1张
描图				
审核				

（1）该部件的名称是_____，它由_____种共_____个零件组成。其中，有_____个标准件，标准件的名称和规格是_____。

（2）表达这个部件共用了_____个图形。其中：主视图是_____剖，目的是表达_____的内部结构；左视图是_____剖，清楚地表达了各零件间的装配关系；_____视图没有剖；还有一个_____断面图，目的是表达_____的截面是正六边形。

（3）该部件的总长是_____，总宽是_____，总高是_____（按照图示位置作答）。

（4）_____是规格尺寸；75 和 2×φ11 是_____尺寸。

（5）φ28H9/u8 表示件_____上的 φ28H9 的孔与件_____上的 φ28u8 的轴相配合，是基_____制的_____配合。

（6）油杯体（件 4）和杯盖（件 5）、轴承座（件 1）和油杯体是通过_____连接在一起的。

（7）要想拆出轴衬（件 3），必须先拆掉_____（件____）。

成果体现	将结果直接记录在训练册上。
问题与收获	

课后检测

理论知识检测	1. 装配图中各部分内容的作用是什么？ ①一组视图：表示机器或部件的_____、_____、_____和主要零件的结构形状。 ②必要尺寸：反映机器或部件的_____、_____的尺寸及_____、_____时的尺寸。 ③技术要求：给出机器或部件在_____、_____、安装、调试及_____与_____等方面所需达到的技术条件和要求。 ④明细栏：明细栏是构成装配体零(部)件的清单，明细栏中要注明零件的序号、_____、_____、_____等内容。 ⑤标题栏：标题栏中要注明机器或部件的_____、_____、重量、图号以及绘图和审核人员的签名等内容。 2. 如何从装配图中快速分离不同的零件？
读图技能检测	3. 读螺旋千斤顶装配图，回答问题。 (1)该装配体的名称叫_____，共由_____种零件组成。其中，有_____种标准件，标准件的名称和规格是_____。 (2)表达该装配体用了 4 个图形。主视图是全剖视图，清楚地表达了各零件的装配关系，还作了 1 处局部剖，目的是表达_____，主视图上方的细双点画线是_____画法，件 6 横杠采用了_____画法。俯视图采用了_____剖，还作了省略简化。另外，还有一个____图和一个_____图。 (3)图中尺寸 225 和 275 是_____尺寸，表示千斤顶的高度行程是_____。$\phi65H9/h8$ 是_____尺寸，其中 $\phi65$ 是_____，H9 表示_____，h8 表示_____，它们属于基_____制的_____配合。135×135 是_____尺寸。 (4)螺套(件 2)与螺杆(件 3)为_____连接，螺纹牙型为_____，作用是将螺杆的_____运动转变为上下直线运动。 (5)螺旋千斤顶的顶举重力是_____，与螺钉(件 7)旋合的螺纹孔在_____时加工。 (6)简述螺旋千斤顶的工作原理。

读图技能
检测

件3 B—B

件4 C向

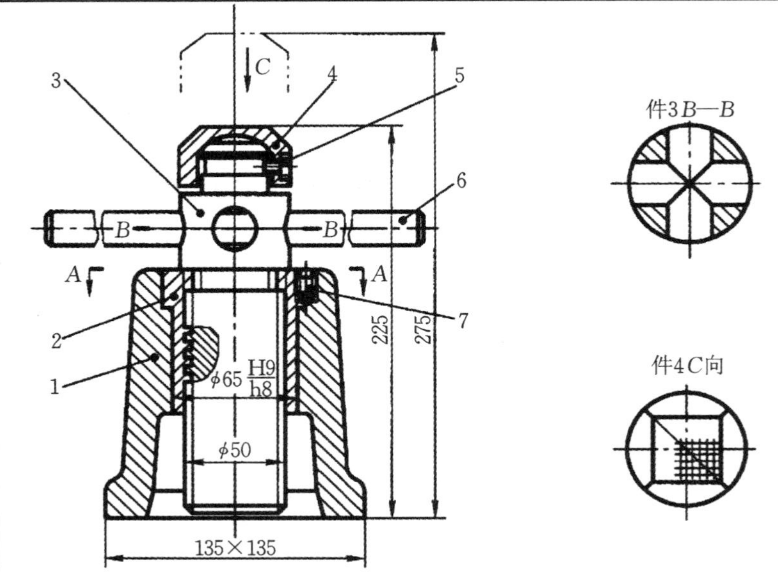

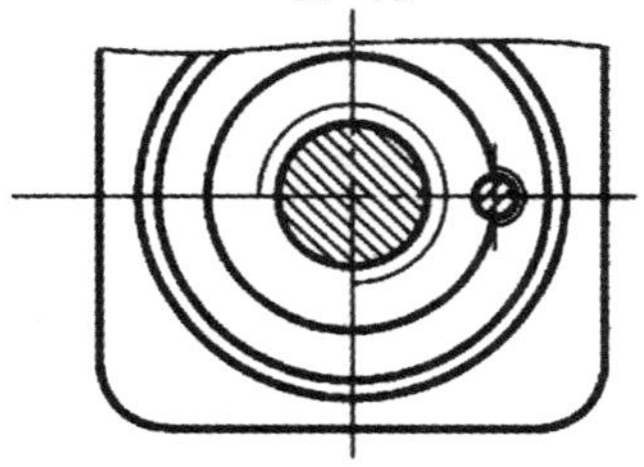

技术要求

1. 本产品的顶举高度为50 mm，顶举重力为10 000 N。
2. 螺杆与底座的垂直度公差为0.1 mm。
3. 螺钉（件7）的螺纹孔在装配时加工。

7	螺钉M12×16	1	35	GB/T 71—2018
6	横杠	1	45	
5	螺钉M12×14	1	35	GB/T 71—2018
4	顶垫	1	Q235	
3	螺杆	1	45	矩50×8
2	螺套	1	HT200	
1	底座	1	HT150	
序号	名称	数量	材料	备注
重量		比例	1：2	
制图				螺旋千斤顶
审核				

评价单

任务	任务 8.1 认识装配图				
姓名		日期			
期班		小组			
评价内容		自评(30%)	互评(30%)	教员评(40%)	总分
平时学习 (100 分)	课上回答问题(50%)				
	学习态度(50%)				
小组学习 (100 分)	预习情况、课前测验(50%)				
	任务实施中组内作用发挥(50%)				
任务 (100 分)	任务完成情况				

◀ 任务 8.2　识读装配图 ▶

资讯单

教学目标	1. 会分析装配体的工作原理、零件间的装配关系； 2. 能读懂零件的主要结构形状，会分析尺寸； 3. 培养装配图样的识读能力，指导装备维修实践。
教学重点	读装配图的方法和步骤。
教学难点	分析装配体的工作原理、零件间的装配关系。
预习方式	学员根据教员给出的预习引导进行预习并完成课前测验。
课前测验	**填空题：** 1. 装配图与零件图的表达侧重点有所不同。在表达要求上，零件图应把零件的各部分形状表达清楚，而装配图主要表示机器（或部件）的_____、零件间的_____和装配关系以及主要零件的_____；在尺寸要求上，零件图要标注零件的_____尺寸，而装配图只需注出性能规格尺寸、_____尺寸、_____尺寸和外形尺寸。 2. 装配图的技术要求一般包括_____要求、检验要求、使用要求以及其他要求。 3. 读装配图的步骤是概括了解、_____、_____和归纳总结。实际读图时，以上步骤并不是截然分开的，通常是在了解、分析的同时加以综合，随着将各个视图、各个零件分析完毕，整个装配体的总体认识也随之形成。
预习引导	可参阅教材项目 8 任务 8.2 中相关内容。

任务单

任务目标	1. 熟悉装配图的内容,掌握读装配图的步骤; 2. 能够读懂各装配图并回答问题。
任务要求	1. 完成训练册上指定的练习题目; 2. 养成严谨细致的工作作风,仔细观察、认真分析; 3. 主动查阅相关资料和有关国家标准; 4. 按时、按要求完成作业并上交。
任务实施	**理论学习** 读装配图的方法和步骤。 **读图实践** 1. 读自动闭锁式旋塞装配图,回答问题。 　(1) 概括了解。从标题栏中了解机器或部件的名称,结合说明书及有关资料,了解机器或部件的比例、用途、工作原理等。根据比例,了解机器或部件的大小。将明细栏中的序号与图中的零件序号对应,了解各零件的名称及在装配图中的位置。同时,通过阅读视图了解装配图的表达方案及各视图的表达重点。 　自动闭锁式旋塞是管路中常用的一个部件,从图中的比例及标注的尺寸可知其总体大小。由明细栏可知,该部件共有 14 种零件,其中标准件 3 种,非标准件 11 种。零件的名称、数量、材料、标准代号及它们在装配图中的位置,可对照序号和明细栏得知。自动闭锁式旋塞采用三个基本视图和一个 A 向视图进行表达。主视图是采用单一剖切面得到的全剖视图,表达自动闭锁式旋塞的装配关系,其中杠杆(件 1)还采用了断开画法和重合断面表达杆的形状;左视图采用局部剖视图表达托架(件 7)与阀座(件 10)的连接和定位方式;俯视图没有剖,主要表达其外形;A 向视图是沿主视图投影方向得到的托架的局部视图,表达螺钉和定位销的位置关系。 　(2) 分析装配关系及工作原理。分析部件的装配关系,一般可从装配路线入手。从装配图可知,自动闭锁式旋塞有两条装配路线。一条是阀杆(件 8)装配路线,为装配主线路,阀杆装在阀座的竖直孔内,在阀杆的上部伸出端装有填料(件 6)、填料压盖(件 5)、填料压盖螺帽(件 4),在阀杆的下部装有弹簧(件 9)、六角头螺塞(件 12)、衬片(件 11)。另一条是托架装配路线,托架通过下方的四方槽安装在阀座的上方,靠圆柱销(件 14)进行定位,靠六角头螺栓(件 13)进行连接固定,托架上方的槽内通过轴(件 3)安装有杠杆,轴的两端装有开口销(件 2)。 　分析部件的工作原理,一般可从运动关系入手。从装配图中的名称可知,该部件是一个自动关闭的阀,结合主视图可以看出,下面的口为入口,左边的口为出口,且该阀处于常闭状态。给杠杆施加一个下压力,会迫使阀杆向下运动并压缩弹簧,阀内通道打开;当撤掉杠杆上的下压力后,弹簧恢复原状,在弹簧弹力的作用下,阀杆向上运动堵住阀内通道,阀自动关闭。 　(3) 分析部件的结构及尺寸。部件的结构有主要结构和次要结构之分,直接实现部件功能的结构为主要结构,其余部分为辅助结构。如在自动闭锁式旋塞装配图中,直接实现部件开关功能的弹簧、阀杆和阀座的配合结构即为主要结构,而托架与阀座通过螺钉的连接结构、通过销的定位结构,以及六角头螺塞与阀座间的衬片,阀杆上端由填料、填料压盖、填料压盖螺帽组成的密封结构,开口销防松结构等,均为辅助结构。

装配图中的阀杆和阀座的配合为 $\phi 8H9/h9$,为间隙配合,使阀杆能灵活上下运动;托架与阀座的配合为 $40H7/f8$,为基孔制的间隙配合,便于托架的装拆;杠杆与托架的配合为 $16H9/f8$,为基孔制的间隙配合,使杠杆能灵活转动;反映阀流量的油孔管螺纹尺寸 G 1/2 也为输油管的安装尺寸,表明输油管的内径为 $\phi 12.7$;出口与杠杆安装轴的中心距 64 加工时保证,六角头螺塞与出口轴线的距离 92 装配时保证。另外,还有部件的高度 160、阀座的外径 $\phi 45$、杠杆的长度 240。

(4)分析零件的结构形状。部件由零件构成,装配图中的视图也可看作是由各零件图的视图组成,因此,读懂部件的工作原理和装配关系,离不开对零件结构形状的分析,而读懂了零件的结构形状,又可加深对部件工作原理和装配关系的理解。读图时,利用同一零件在不同视图上的剖面线方向、间隔一致的规定,对照投影关系以及与相邻零件的装配关系,就能逐步想出各零件的主要结构形状。分析时一般从主要零件开始,然后看次要零件。

自动闭锁式旋塞的主要零件是阀座、托架,它们的结构形状需要将主、俯、左视图对照起来进行分析、想象,其余零件的形状、结构较为简单,可通过投影对应分析、功能分析和空间想象来实现。

(5)分析技术要求。自动闭锁式旋塞装配图中未注写文字形式的技术要求。装配中的技术要求主要有装配、检验、安装、调试及使用与维护等方面所需达到的条件和要求。

(6)综合归纳。在以上各步的基础上,综合分析总体结构,想象出自动闭锁式旋塞的总体结构、形状。各零件的形状及结构,请大家结合装配图和外形图来分析。

回答下列问题:

(1)该装配体由_____种零件组成,其中标准件有____种。

(2)主视图是_____图,左视图是_____图,A 向是_____图。

(3)件 1 杠杆采用了_____画法,并作了 1 处_____图来表达。

(4)件 6 填料的材料是_____,件 11 衬片的材料是_____,它们的作用是_____。

(5)托架和杠杆由_____连接;托架和阀座由_____定位,靠_____连接。

(6)托架和杠杆是基_____制的_____配合,阀杆与阀座是基_____制的_____配合。

(7)该装配体的规格尺寸是_____,共有_____处管螺纹。

任务实施

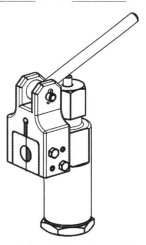

自动闭锁式旋塞外形图

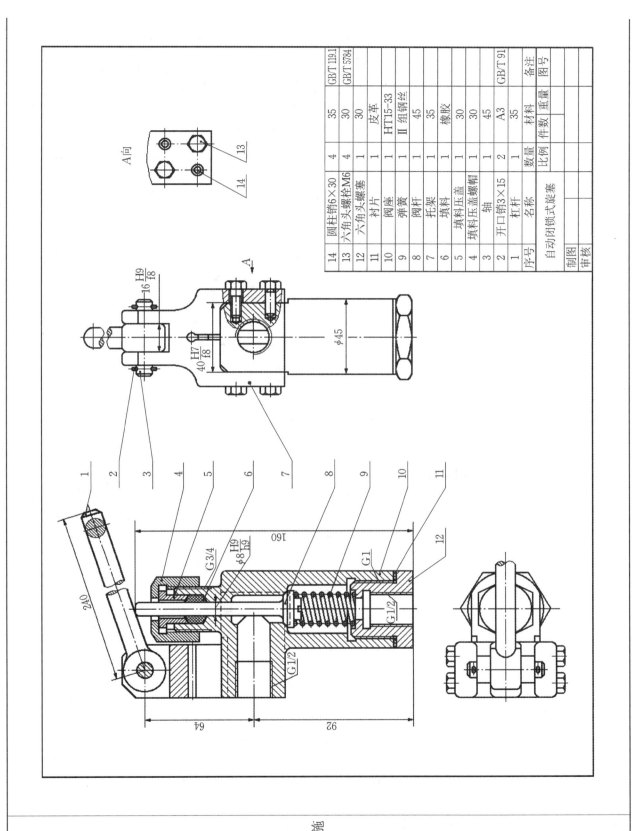

续表

任务实施

序号	名称	数量	比例	材料	重量	备注
14	圆柱销6×30	4		35		GB/T 119.1
13	六角头螺栓M6	4		30		GB/T 5784
12	六角头螺塞	1		30		
11	衬片	1		皮革		
10	阀座	1		HT15-33		
9	弹簧	1		II组钢丝		
8	阀杆	1		45		
7	托架	1		35		
6	填料	1		橡胶		
5	填料压盖	1		30		
4	填料压盖螺帽	1		30		
3	轴	1		45		
2	开口销3×15	2		A3		GB/T 91
1	杠杆	1		35		
序号	名称	数量	比例	材料	重量	备注

自动闭锁式旋塞

制图

审核

	2. 读齿轮泵装配图,回答问题。 (1)表达齿轮泵用了_____视图、_____视图两个视图。主视图画成_____剖,反映了组成齿轮泵各零件之间的装配关系;左视图是采用沿_____与_____结合面剖切的_____剖视,它反映了外形、齿轮的啮合情况和吸压油的工作原理;再用_____剖反映进出油口的情况。 (2)尺寸 φ16H7/h6 中,φ16 是_____,H7 是_____,h6 是_____;它们属于基_____制的_____配合。 (3)φ14H7/k6 属于基_____制的_____配合,φ35H8/f7 属于基_____制的_____配合。 (4)要拆出传动齿轮轴,可按如下分解顺序进行:件 14→件____→件____→件____→件 1→件 2→件 6→传动齿轮轴。

齿轮泵外形图

任务实施

3. 读倾斜调整器装配图,回答问题。

倾斜调整器是火炮瞄准具上的一个部件,它与倾斜水准器配合调整瞄准镜横向水平。其中,螺杆(件 3)与转螺(件 5)的螺纹部分组成合成螺杆,以凸起与凹槽互相卡合,旋在螺筒(件 4)内。当转动螺杆时,螺筒左右移动。

倾斜调整器外形图

(1)表达这个部件用了_____个图形。主视图是_____剖视,其中又作了两处_____剖视;A—A 是_____图,还有一个是_____图。

(2)_____视图表达了各零件间的装配关系和工作原理。

(3)尺寸 φ10H8/f7 是_____尺寸,属于基_____制的_____配合。尺寸 24 是_____尺寸,在加工时保证。部件的总长、总宽、总高分别为_____、_____、_____。

(4)螺筒(件 4)上的螺纹代号是_____,螺帽(件 9)上的螺纹代号是_____。

(5)要拆出弹簧,必须打出_____(件____)、拧出_____(件____)、取出_____(件____),才能取出弹簧。

任务实施	4. 读铣刀头装配图, 回答问题。 铣刀头是专用机床上的一个部件, 是用于安装铣刀盘进行铣削加工的装置。左端的皮带轮通过平键, 把动力传给轴, 轴又通过右端的两个平键带动铣刀盘旋转, 从而进行铣削加工。 (1)该部件由____种共____个零件组成, 其中有____种标准件。表达它用了_____视图、_____视图和_____视图共 3 个图形。_____视图是全剖视图, 其中又作了_____处局部剖视, 目的是表达_____(件____)与皮带轮及刀盘的_____关系; 左视图是_____剖视图。表达装配关系和工作原理的是_____视图。 (2)当 V 带轮(件 5)转动时, 通过_____(件____)带动铣轴(件 7)转动, 铣轴 7 又通过_____(件____)带动刀铣盘转动, 铣刀盘在视图上是用_____线绘制的, 属于_____画法。 (3)端盖(件 6)是用____个_____(规格)的螺钉固定在座体(件 8)上的, 因而座体上必须有____个螺纹孔。 (4)要拆出轴, 可按如下分解顺序进行: 件 2→件_____→件_____→件_____→件_____→件 15→件_____→件_____→刀盘→件_____→件_____→件 6、12→件_____→轴和轴承。 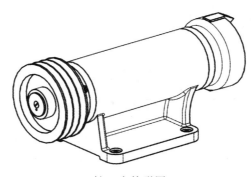 铣刀头外形图

续表

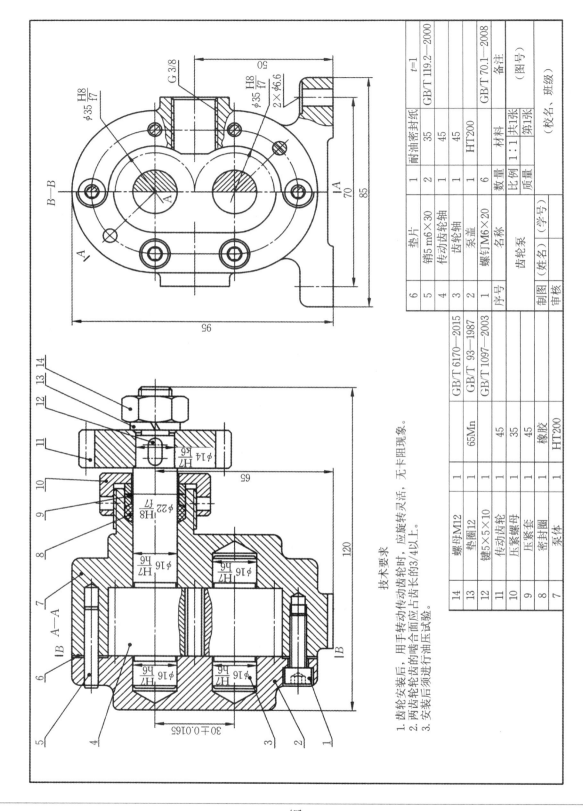

任务实施

技术要求

1. 齿轮安装后，用手转动传动齿轮时，应旋转灵活，无卡阻现象。
2. 两齿轮轮齿的啮合面应占齿长的3/4以上。
3. 安装后须进行油压试验。

6	垫片	1	耐油密封纸		t=1
5	销5 m6×30	2	35		GB/T 119.2—2000
4	传动齿轮轴	1	45		
3	齿轮轴	1	45		
2	泵盖	1	HT200		
1	螺钉M6×20	6			GB/T 70.1—2008
序号	名称	数量	材料		备注（图号）
	齿轮泵		比例 1:1	共1张	
			质量	第1张	
制图	（姓名）	（学号）	（校名、班级）		
审核					

14	螺母M12	1		GB/T 6170—2015
13	垫圈12	1	65Mn	GB/T 93—1987
12	键5×5×10	1	45	GB/T 1097—2003
11	传动齿轮	1	45	
10	压紧螺母	1	35	
9	密封套	1	橡胶	
8	密封圈	1		
7	泵体	1	HT200	

续表

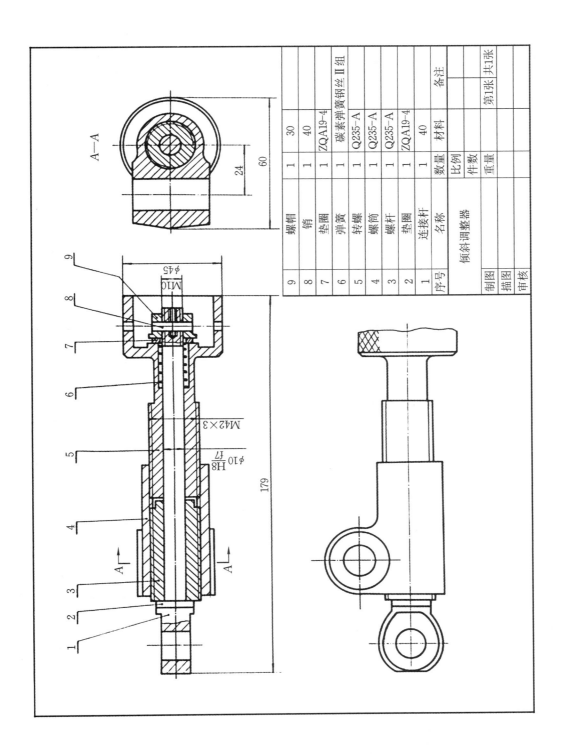

序号	名称	数量	材料	备注
9	螺帽	1	30	
8	销	1	40	
7	垫圈	1	ZQA19-4	
6	弹簧	1	碳素弹簧钢丝Ⅱ组	
5	转螺筒	1	Q235-A	
4	螺筒	1	Q235-A	
3	螺圈	1	Q235-A	
2	垫圈	1	ZQA19-4	
1	连接杆	1	40	

倾斜调整器			比例	件数	第1张 共1张
				重量	
制图					
描图					
审核					

任务实施

续表

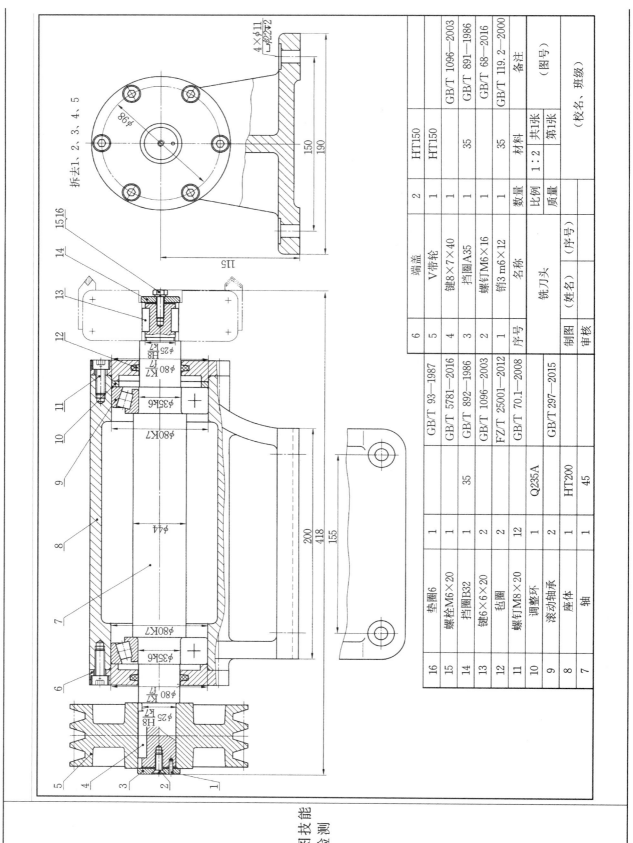

16	垫圈6	1		GB/T 93—1987
15	螺栓M6×20	1		GB/T 5781—2016
14	挡圈B32	1	35	GB/T 892—1986
13	键6×6×20	2		GB/T 1096—2003
12	毡圈	2		FZ/T 25001—2012
11	螺钉M8×20	12		GB/T 70.1—2008
10	调整环	1	Q235A	
9	滚动轴承	2		GB/T 297—2015
8	座体	1	HT200	
7	轴	1	45	

6	端盖	2	HT150	
5	V带轮	1	HT150	
4	键8×7×40	1		GB/T 1096—2003
3	挡圈A35	1	35	GB/T 891—1986
2	螺钉M6×16	1		GB/T 68—2016
1	销3 m6×12	1	35	GB/T 119.2—2000
序号	名称	数量	材料	备注（图号）
	铣刀头	比例	1:2	共1张
		质量		第1张
制图	（姓名）（序号）			
审核				（校名、班级）

读图技能检测

成果体现	将结果直接记录在训练册上。
问题与收获	

课后检测

理论知识 检测	1. 机械装备中,常见的连接方式有哪些? 2. 常见的机械传动形式有哪些? 3. 阐述读装配图的方法与步骤。
读图技能 检测	4. 读机用虎钳装配图,回答问题。 (1)当螺杆(件7)沿着顺时针旋转时(从螺杆的右端看),活动钳口(件4)向哪个方向移动? (2)垫圈(件8)有何作用? (3)螺钉(件6)上的槽有什么作用? (4)当需要把螺母(件5)拆下时,其拆卸步骤如何? (5)主视图上尺寸 ϕ22H8/f8 属于装配图上的何种尺寸?解释其具体含义。左视图上尺寸114属于装配图上的何种尺寸? (6)简述机用虎钳的工作原理。

续表

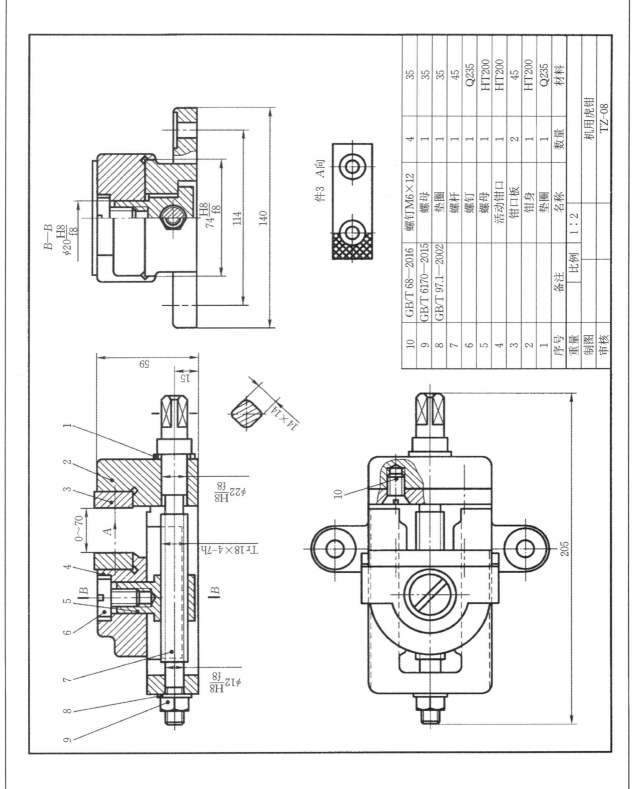

10	GB/T 68—2016	螺钉M6×12	4	35
9	GB/T 6170—2015	螺母	1	35
8	GB/T 97.1—2002	垫圈	1	35
7		螺杆	1	45
6		螺钉	1	Q235
5		螺母	1	HT200
4		活动钳口	1	HT200
3		钳口板	2	45
2		钳身	1	HT200
1		垫圈	1	Q235
序号	备注	名称	数量	材料

重量	比例	机用虎钳
制图	1:2	TZ-08
审核		

读图技能
检测

评价单

任务		任务8.2 识读装配图				
姓名			日期			
期班			小组			
评价内容		自评(30%)	互评(30%)	教员评(40%)	总分	
平时学习 (100分)	课上回答问题(50%)					
	学习态度(50%)					
小组学习 (100分)	预习情况、课前测验(50%)					
	任务实施中组内作用发挥(50%)					
任务 (100分)	任务完成情况					

参 考 文 献

[1] 孙开元,郝振洁.机械制图工程手册[M].2 版.北京:化学工业出版社,2018.

[2] 成大先.机械设计手册:单行本　机械制图·精度设计[M].6 版.北京:化学工业出版社,2017.

[3] 覃国萍,陈飞,郭瑞芳.机械工程图样识绘——基于工作过程情境化教材[M].2 版.北京:中国水利水电出版社,2016.

[4] 李奉香.工程制图与识图[M].北京:机械工业出版社,2011.

[5] 刘朝儒,吴志军,高政一,等.机械制图[M].5 版.北京:高等教育出版社,2006.

[6] 常明.画法几何及机械制图[M].4 版.武汉:华中科技大学出版社,2009.